ISBN 978-3-662-24149-3   ISBN 978-3-662-26261-0 (eBook)
DOI 10.1007/978-3-662-26261-0

Die in den Sitzungsberichten Abtlg. I und Abtlg. II der math.-nat. Klasse der Österr. Ak. d. Wiss. erscheinenden Abhandlungen werden auch einzeln abgegeben. Sie können durch jede Buchhandlung oder direkt durch die Auslieferungsstelle der Österreichischen Akademie der Wissenschaften (Wien I, Singerstraße 12) bezogen werden.

Nachfolgende Abhandlungen aus dem Fache der **Paläontologie** sind erschienen:

1953 (S I Bd. 162):

Bachmayer F.: Die Myriopodenreste aus der altplistozänen Spaltenfüllung von Hundsheim bei Deutsch-Altenburg, Niederösterreich (mit 1 Tafel). S 3.60

Berger W.: Pflanzenreste aus dem miozänen Ton von Weingraben bei Draßmarkt, Mittelburgenland II. (mit 21 Textabbildungen). S 4.60

Berger W.: Die obermiozäne (sarmatische) Flora von Gabbro (Monti Livornesi) in der Toskana. S 5.—

Bernhauser A.: Über Mycelitis ossifragus Roux. Auftreten und Formen im Tertiär des Wiener Beckens (mit 6 Textabbildungen). S 7.20

Papp A. und Küpper K.: Die Foraminiferenfauna von Guttaring und Klein St. Paul (Kärnten). I. Über Globotruncanen südlich Pemberger bei Klein St. Paul (mit 2 Tafeln). S 10.—

Papp A. und Küpper K.: Holothurienreste aus dem Torton des Wiener Beckens (mit 1 Tafel). S 3.—

Papp A. und Küpper K.: Die Foraminiferenfauna von Guttaring und Klein St. Paul (Kärnten). II. Orbitoiden aus Sandsteinen vom Pemberger bei Klein St. Paul (mit 4 Tafeln). S 13.60

Papp A. und Küpper K.: Über Stolonen von Auxiliarkammern bei Orbitoides und Lepidorbitoides (mit 1 Tafel). S 4.—

Papp A. und Küpper K.: Die Foraminiferenfauna von Guttaring und Klein St. Paul (Kärnten). III. Foraminiferen aus dem Campan von Silberegg (mit 3 Tafeln). S 11.30

Sieber R.: Eozäne und oligozäne Makrofaunen Österreichs. S 8.50

1954 (S I Bd. 163):

Bachmayer F.: Zwei bemerkenswerte Crustaceen-Funde aus dem Jungtertiär des Wiener Beckens (mit 1 Tafel). S 6.60

Janetschek H.: Ein neues inneralpines Nunatakrelikt aus einer für die Alpen neuen Gattung (Ins., Thysanura) (mit 12 Textabbildungen). S 5.20

Obritzhauser-Toifl, Hertha: Pollenanalytische (palynologische) Untersuchungen von mehreren organischen Substanzen (mit 6 Textabbildungen). S 30.—

Schremmer F.: Bohrschwammspuren in Actaeonellen aus der nordalpinen Gosau (mit 1 Tafel). S 3.80

Strouhal H.: Isopodenreste aus der altplistozänen Spaltenfüllung von Hundsheim bei Deutsch-Altenburg (Niederösterreich) (mit 7 Textabbildungen und 2 Tafeln). S 10.30

Tollmann A.: Die Gattungen Lingulina und Lingulinopsis (Foraminifera) im Torton des Wiener Beckens und Südmährens (mit 2 Tafeln). S 9.90

Zapfe H.: Die Fauna der miozänen Spaltenfüllung von Neudorf a. d. March (ČSR). Proboscidea (mit 2 Textabbildungen und 2 Tafeln). S 12.30

1955 (S I Bd. 164):

Bachmayer F.: Die fossilen Asseln aus den Oberjuraschichten von Ernstbrunn in Niederösterreich und von Stramberg in Mähren (mit 9 Textabbildungen und 6 Tafeln). S 26.60

Beier M.: Insektenreste aus der Hallstattzeit (mit 4 Abbildungen und 2 Tafeln). S 6.40

Herre W.: Die Fauna der miozänen Spaltenfüllung von Neudorf a. d. March (ČSR), Amphibia (Urodela) (mit 6 Textabbildungen). S 14.80

Kühn O.: Die Bryozoen der Retzer Sande (mit 2 Tafeln). S 14.10

Papp A.: Orbitoiden aus der Oberkreide der Ostalpen (Gosauschichten) (mit 3 Tafeln). S 12.20

Papp A.: Die Foraminiferenfauna von Guttaring und Klein St. Paul (Kärnten): IV. Biostratigraphische Ergebnisse in der Oberkreide und Bemerkungen über die Lagerung des Eozäns (mit 4 Textabbildungen). S 12.20

Plöchinger B.: Eine neue Subspezies des Barroisiceras haberfellneri v. Hauer aus dem Oberconiader Gosau Salzburgs (mit 2 Textabbildungen und 1 Tafel). S 4.40

Tollmann A.: Die Foraminiferenentwicklung im Torton und Untersarmat in den Randfazies der Eisenstädter Bucht (mit 1 Textabbildung). S 6.70

Die Foraminiferenfauna des Bruderndorfer Feinsandes (Danien) von Haidhof bei Ernstbrunn, NÖ.

Von MANFRED E. SCHMID

(Paläontologisches Institut der Universität Wien)

Mit 4 Textabbildungen und 52 Abbildungen auf 6 Tafeln

(Vorgelegt in der Sitzung am 25. X. 1962)

Vorwort

Ursprünglich war mir von Prof. Dr. O. KÜHN eine Revision der von OZAWA beschriebenen Foraminiferen aus dem Danien von Bruderndorf übertragen worden. Das Originalmaterial konnte jedoch weder in der geologisch-paläontologischen Abteilung des Naturhistorischen Museums, an der die erste Untersuchung durchgeführt worden war, noch in Japan aufgefunden werden. Da die Untersuchung des festen Bruderndorfer Sandsteins in Schliffen nur vereinzelte Exemplare von *Spirillina*, *Textularia* und verschiedene Milioliden zeigte, übertrug mir Prof. KÜHN die Bearbeitung des damals neu entdeckten Bruderndorfer Feinsandes[1].

---

[1] Die vorliegende Arbeit ist ein Auszug aus meiner 1962 approbierten Dissertation. Außer dem Paläontologischen Institut der Universität Wien bin ich zu Dank verpflichtet den Herren: G. GAAL für die mineralogische Untersuchung, Dr. K. KOLLMANN für die Untersuchung der Ostracoden, Dr. H. STRADNER für die Bestimmung des Nannoplanktons, Dr. E. WANDERER für die petrographische Untersuchung sowie dem Naturhistorischen Museum und der Geologischen Bundesanstalt in Wien. Der Hohen Österr. Akademie der Wissenschaften danke ich besonders für eine großzügige Subvention, die es mir ermöglichte, die Typlokalitäten der Dänischen Stufe aus eigener Anschauung kennen zu lernen und Vergleichsmaterial zu sammeln.

1. Das untersuchte Danienvorkommen

Das Danienvorkommen von Haidhof liegt im Zentralteil der Waschbergzone, die auch als „Äußere Klippenzone" bezeichnet wird. In unmittelbarer Umgebung des Danien finden sich Michelstettener Schichten (Chatt-Aquitan) im W, Auspitzer Mergel sowie im SE und NW Lutet (Haidhofschichten)[2].

Das Danien dieses Schichtkomplexes wurde von O. KÜHN 1926 entdeckt; 1930 erfolgte eine ausführliche Beschreibung. Bis zum Jahre 1959 waren nur zwei fazielle Ausbildungen des Danien bekannt, der **Bruderndorfer Sandstein**, ein stellenweise mergeliger, glaukonitischer Kalksandstein von weißer bis grauer Färbung und der **Bruderndorfer Lithothamnienkalk**. „Beide Fazien dürften im strengsten Sinn gleichalterig sein, da sie dieselben Fossilien führen, petrographisch zwar eine große Variabilität zeigen, deren Grenzbildungen aber ineinander übergehen. Daß Überlagerung vorkommt, konnte nicht ausgeschlossen werden, da beide Gesteine nicht anstehend, sondern nur in Lesesteinen bekannt waren. Auch die reichlichen Fossilien..." (darunter *Hercoglossa danica* [SCHLOTH.]) „... waren zum größten Teile auf den Feldern aufgelesen worden, nur wenige stammten aus losen Blöcken des Sandsteines oder (häufiger namentlich die Bryozoen) des Lithothamnienkalkes[3]".

Erst am 20. Oktober 1959 gelang es, anläßlich einer Grabung des Paläontologischen Institutes der Universität Wien, an einer von Dr. F. BACHMAYER ausgewählten Stelle an einem Hang SE von Haidhof (250 m SSE von Kote 356) das Danien anstehend zu finden. Die genaue Lage ist nach der provisorischen Ausgabe der österreichischen Karte 1:50.000 durch die nördliche Breite von 48° 31' 35" und die östliche Länge von 34° 00' 34" (Ferro) bzw. 16° 20' 48" (Greenwich) gegeben (siehe Karte Abb. 1)[4].

Am 14. und 15. Oktober 1961 führte ich mit meinem Freund cand. geol. P. GOTTSCHLING eine neuerliche Grabung durch. Auf Grund der Befunde beider Grabungen konnte folgende Schichtfolge festgestellt werden:

In einer Tiefe von 30—40 cm wurde eine 1,20—1,40 m mächtige Bank von **Bruderndorfer Sandstein** angefahren und insgesamt auf etwa 5 m Länge freigelegt. Die Oberfläche dieser Bank fällt schwach gegen SE, doch konnten keine genauen Messungen durchgeführt werden, da der Sandstein keine Bankung

---

[2] Vgl. R. GRILL 1953, 1958.
[3] KÜHN 1960a, S. 49.
[4] Nach R. GRILL 1953 (Signaturen verändert).

Die Foraminiferenfauna usw.

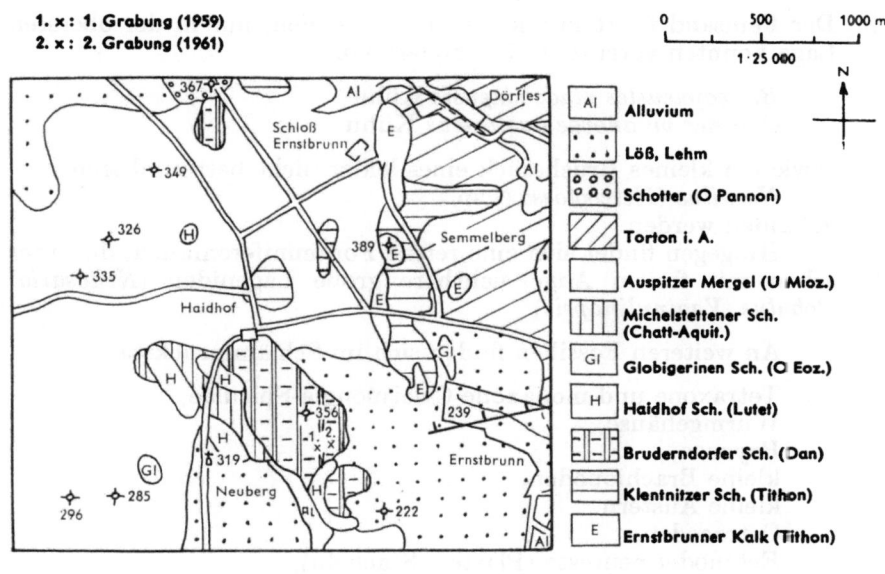

Abb. 1

aufweist, sondern stark gestört ist und in Form von zahlreichen Quetschlinsen auftritt. Die stark angewitterte obere Lage führte folgende Fossilien:

Pflanzenhäcksel, Frucht- und Blattreste,
Kriech- und Grabspuren,
Caryosmilia abeli Kühn,
Bryozoen,
Pycnodonta vesicularis (LAM.),
Anomia sp.,
Brissopneustes vindobonensis Kühn,
Echinocorys sulcatus (GOLDF.),
Echinocorys schafferi Kühn.

Unter dem Sandstein wurde ein neues Schichtglied angefahren, der **Bruderndorfer Feinsand**, ein brauner, toniger, fein- bis mittelkörniger, schwach glaukonitischer Sand. Das Liegende dieses Komplexes konnte auch in mehr als 2 m Tiefe nicht erreicht werden.

Der Feinsand führt fast keine Makrofossilien, nur in der obersten Lage konnten vereinzelte Exemplare von

Brissopneustes vindobonensis Kühn
Coraster villanovae austriacus Kühn

sowie ein kleines Bruchstück eines leider nicht bestimmbaren
Nautilus (*Hercoglossa*?) sp.
gefunden werden.

Hingegen findet sich eine reiche Foraminiferenfauna, darunter schon mit freiem Auge sichtbare große Lageniden (*Nodosaria, Robulus, Vaginulinopsis*).

An weiteren Fossilien finden sich im Schlämmrückstand:

Tetraxone und monaxone Calcispongia-Spiculae,
Wurmgehäuse,
Bryozoa,
kleine Brachiopoden,
kleine Austern,
Ostracoden,
Echinodermenreste (Platten, Stacheln),
Zähnchen und Hautzähnchen von Fischen.

Der Bruderndorfer Feinsand stellt somit die dritte Fazies des Danien der Waschbergzone dar.

„Er hat sicher eine weitere Verbreitung als die ihn überlagernden Sandsteine und Lithothamnienkalke, tritt aber wegen seiner lockeren Beschaffenheit nirgends sonst erkennbar zu Tage. In seinem Verbreitungsgebiet bilden die oberen Schichtglieder Sandstein und Lithothamnienkalk die Spitzen der Hügel, der Feinsand unterlagert sie und tritt stark zersetzt und humusbildend an den Füßen der Hügel und in den Senken hervor. So erklärt sich auch das auffällige Fehlen von Makrofossilien in allen Senken des Gebietes und ihre Beschränkung auf die Kuppen[5]."

„Da Sandstein und Lithothamnienkalk nirgends gemeinsam auftreten, sondern einige Hügelspitzen aus Sandstein, andere aus Lithothamnienkalk bestehen, dazwischen aber Streifen von Äckern fossilleer sind, die wohl aus Feinsand bestehen, muß angenommen werden, daß Sandstein und Lithothamnienkalk sich gegenseitig vertretend die obere Abteilung der Bruderndorfer Schichten, die Feinsande dagegen allein deren untere Abteilung bilden[6]."

---

[5] Kühn 1960a, S. 51.
[6] Kühn 1960a, S. 52.

2. Petrographie des Bruderndorfer Feinsandes

A. Korngrößenanalyse

(von Dr. E. Wanderer)

Der Verlauf der Summenkurve (auf semilogarithmischem Papier) fällt in den Bereich von 0,001—2,0 mm. Der stärkste Anstieg von etwa 45° liegt zwischen 0,5 und 0,1 mm; von hier nimmt die Steigung sowohl gegen den feineren als auch gegen den gröberen Anteil hin regelmäßig und symmetrisch ab (Abb. 2):

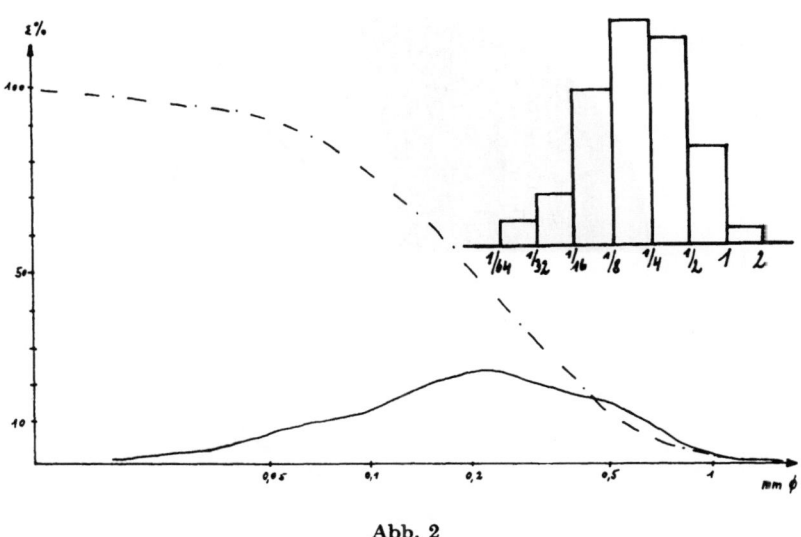

Abb. 2

Die Häufigkeitskurve (Tg — Ableitung der Summenkurve) zeigt ein breites Maximum im Korngrößenbereich 0,1—0,6 mm mit einer Kulmination bei 0,2 mm und verläuft annähernd symmetrisch. Der mittlere Korngrößendurchmesser Md, gemessen bei 50%, beträgt 0,21 mm, der Sortierungsgrad 1,82 (verhältnismäßig schlecht).

Demnach handelt es sich beim Bruderndorfer Feinsand um einen fein- bis mittelkörnigen Sand, der nach der Ablagerung keine weitere Aufbereitung erfahren haben dürfte.

B. Der Mineralbestand
(von cand. phil. G. Gaal)

Die Untersuchung des Mineralbestandes ergab — bei Auszählung von 310 Punkten — folgendes Resultat (Abb. 3):

Opakes Erz	28,0 %
Durchsichtige Mineralien	10,5 %
Quarz	4,0 %
Glaukonit	3,0 %
Muskovit	1,5 %
Biotit	1,0 %
Chlorit	0,5 %
Feldspat	0,5 %

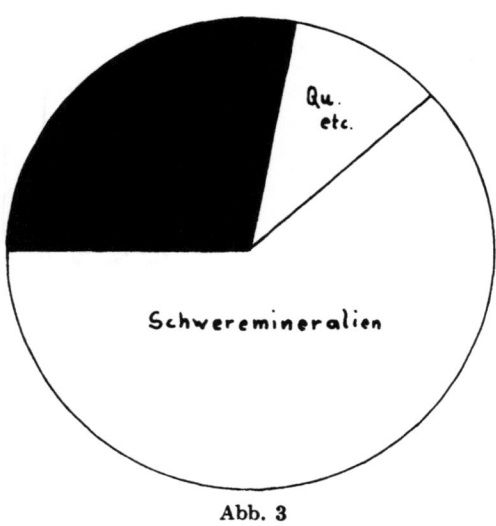

Abb. 3

Schwermineralien	61,5 %
(Abb. 4, umgerechnet SM = 100 %)	
Granat	40,0 %
Zirkon	10,0 %
Rutil	8,0 %
Apatit	1,5 %
Hornblende	1,0 %
Turmalin	0,5 %
Epidot	0,5 %

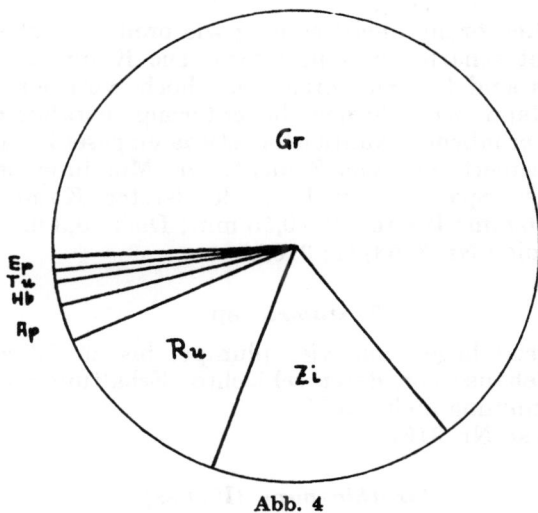

Abb. 4

3. Die Foraminiferenfauna

Ammodiscoides turbinatus Cushman

(Taf. III, Fig. 1)

1909 (*Ammodiscoides turbinatus*) Cushman, S. 424, Taf. 33, Fig. 1—6.
1932 (*Ammodiscoides turbinatus*) Cushman & Jarvis, S. 9, Taf. 2, Fig. 4, 5.
1946 (*Ammodiscoides turbinatus*) Cushman, S. 18, Taf. 1, Fig. 36, 37.

Gehäuse mit konisch aufgerolltem Anfangsteil, die folgenden Windungen nehmen zu dem etwas abgeflachten Rand hin gleichmäßig an Durchmesser zu und sind in einer Ebene angeordnet. Der Aufbau der 0,8 mm Durchmesser erreichenden Gehäuse ist feinsandig. Die Art ist von der Oberkreide ab bekannt.

Hypotypoide Nr. 3163/9; 3165.

Spiroplectammina excolata (Cushman)

(Taf. III, Fig. 4a—b)

1926 (*Textularia excolata*) Cushman, S. 585, Taf. 15, Fig. 9.
1932 (*Spiroplectammina excolata*) Cushman & Jarvis, S. 14, Taf. 3, Fig. 9, 10.
1946 (*Spiroplectammina excolata*) Cushman, S. 27, Taf. 15, Fig. 9, 10.
1951 (*Textularia excolata*) Noth, S. 33.

Gehäuse keilförmig, meist so lang wie breit, von oben gesehen rhombisch, mit scharfen Seitenrändern. Die Kammern des zweizeiligen Teiles sind 3—4mal breiter als hoch, von der Mittellinie gegen den Rand zu schwach bogenförmig herabgezogen und zwischen den erhabenen Nahtleisten etwas eingesenkt. Die Schale ist fein agglutiniert, mit viel Zement. Die Mündung besteht aus einem schmalen Spalt an der Basis der letzten Kammer. Maße: Länge 0,3—0,6 mm; Breite 0,3—0,55 mm; Dicke 0,3 mm.

Hypotypoide Nr. 3163/31; 3166.

Textularia sp.

An Material liegen nur vier plumpe, bis zu 1,7 mm Länge erreichende Gehäuse vor, deren schlechter Erhaltungszustand eine artliche Bestimmung nicht zuläßt.

Belegstücke Nr. 3167.

Dorothia pupa (REUSS)
(Taf. III, Fig. 5a—b)

1860   (*Textilaria pupa*) REUSS, S. 88, Taf. 13, Fig. 4, 5.
1937   (*Dorothia pupa*) CUSHMAN, S. 78, Taf. 8, Fig. 20—24.
1953   (*Dorothia pupa*) HAGN, S. 25, Taf. 2, Fig. 19—22.

Zahlreiche kleine Exemplare (Länge bis 0,7 mm) mit nur 1—3 Paar Kammern im biserialen Anteil, die durch deutliche, vertiefte Suturen getrennt sind, gehören zweifellos zu dieser in der Oberkreide weit verbreiteten Art.

Hypotypoide Nr. 3163/29; 3168.

Marssonella oxycona (REUSS)
(Taf. I, Fig. 5)

1860   (*Gaudryina oxycona*) REUSS, S. 85, Taf. 12, Fig. 3.
1928   (*Gaudryina oxycona*) FRANKE, S. 143, Taf. 13, Fig. 8.
1933   (*Marssonella oxycona*) CUSHMAN, S. 36, Taf. 4, Fig. 13.
1951   (*Marssonella oxycona*) CUSHMAN, S. 9, Taf. 2, Fig. 21.
1953   (*Marssonella oxycona*) HAGN, S. 23, Taf. 1, Fig. 28.
1957a   (*Marssonella oxycona*) HOFKER, S. 85, Fig. 86—90.
1960   (*Marssonella oxycona*) TOLLMANN, S. 160, Taf. 10, Fig. 3.

Diese weltweit verbreitete Art kommt in einigen Exemplaren auch im Material von Haidhof vor. Nach HAGN (1953, S. 24) ist sie mit Sicherheit vom Albien bis in das Danien nachgewiesen.

Hypotypoide Nr. 3164/7; 3169.

Tritaxia dubia (REUSS)

1851 (*Verneuilina dubia* m.) REUSS, S. 24, Taf. 4, Fig. 3.
1899 (*Tritaxia dubia*) EGGER, S. 41, Taf. 4, Fig. 7, 8.
1937 (*Tritaxia dubia*) CUSHMAN, S. 26, Taf. 4, Fig. 1—4.
1957a (*Tritaxia dubia*) HOFKER, S. 67, Fig. 68.

Es liegen nur zwei Gehäuse (0,5 und 1,3 mm) vor, die sich an beiden Enden deutlich verjüngen. Die Ränder sind in der Mitte parallel, die Seiten flach bis leicht konkav. Die Suturen liegen schräg, sind aber nur nach Aufhellung mit CCl_4 deutlich zu sehen.
Hypotypoide Nr. 3163/24; 3170.

Tritaxia cf. ellisorae Cushman
(Taf. I, Fig. 1)

1937 (*Tritaxia ellisorae*) CUSHMAN, S. 5, Taf. 1, Fig. 9.
1946 (*Tritaxia ellisorae*) CUSHMAN, S. 32, Taf. 7, Fig. 10, 11.

Große, schlanke, im Querschnitt dreikantige, dreizeilige Gehäuse, die vom zugespitzten Initialteil bis zu den letzten Kammern gleichmäßig, aber nur wenig an Breite zunehmen. Die Kanten sind schwach gekielt, die Suturen sehr wenig vertieft, wodurch die Kiele besonders im letzten Teil leicht gelappt sind. Die Mündung liegt in einer halbkreisförmigen Einbuchtung am Innenrand der Endkammer. Länge bis zu 2,4 mm, Breite bis zu 0,7 mm.
Die Exemplare aus dem Material von Haidhof sind wesentlich größer als die aus der Oberkreide von Texas beschriebenen, die nur bis zu 1,25 mm Länge erreichen; sie lassen sich aber am ehesten mit der amerikanischen Art vergleichen. Die ähnliche *Verneuilina cretosa* Cushm., die bis zu 2,1 mm Länge erreicht, unterscheidet sich durch die feinere Agglutination, durchwegs stärker gezähnelte Kanten und stärkere Breitenzunahme.
Belegstücke Nr. 3164/10; 3171.

Gaudryina foeda (REUSS)
(Taf. I, Fig. 3)

1846 (*Textularia foeda* m.) REUSS, S. 109, Taf. 43, Fig. 12, 13.
1937 (*Gaudryina foeda*) CUSHMAN, S. 38, Taf. 3, Fig. 8—16.
1946 (*Gaudryina foeda*) CUSHMAN, S. 32, Taf. 7, Fig. 12, 13.
1951? (*Textularia* cf. *foeda*) VISSER, S. 214, Taf. 8, Fig. 4.

Bis zu 2 mm große Gehäuse mit weitaus überwiegendem biserialem Anteil. Die Suturen sind wegen der sehr groben Agglutination kaum zu erkennen. Die vorliegenden Stücke stimmen mit den Abbildungen von CUSHMAN bis auf ihre größeren Maße gut überein.

Hypotypoide Nr. 3164/8; 3172.

Gaudryina cf. *rudita* Sandidge
(Taf. I, Fig. 2)

1932 (*Gaudryina rudita* n. sp.) SANDIDGE, S. 342, Taf. 31, Fig. 19, 20.
1946 (*Gaudryina rudita*) CUSHMAN, S. 34, Taf. 7, Fig. 23, 24; Taf. 8, Fig. 1.
1951 (*Gaudryina rudita*) CUSHMAN, S. 8, Taf. 2, Fig. 7.

Gehäuse groß, zum Teil mit groben Quarzkörnchen bedeckt. Der triseriale Teil ist dreikantig und sehr kurz, der biseriale weitaus überwiegend und abgeplattet. Suturen — wenn sichtbar — im jüngeren Teil schwach vertieft; die Öffnung liegt in einer halbmondförmigen Einbuchtung der letzten Kammer.

Obwohl die vorliegenden Exemplare doppelt so groß werden als es CUSHMAN (1946, S. 34) angibt, nämlich bis zu 2,1 mm lang und 0,9 mm breit, erscheint ein Vergleich mit dieser auch aus dem Midway angegebenen Art durchaus gerechtfertigt.

Belegstücke Nr. 3164/9; 3173.

Clavulinoides asper whitei (CUSHMAN & JARVIS)
(Taf. III, Fig. 9, 10)

1932 (*Clavulina aspera* Cushman var. *whitei* n. var.) CUSHMAN & JARVIS, S. 19, Taf. 5, Fig. 6—8.
1946 (*Clavulinoides aspera* var. *whitei*) CUSHMAN, S. 39, Taf. 9, Fig. 31—33.
1956 (*Clavulinoides asper whitei*) SAID & KENAWY, S. 125, Taf. 1, Fig. 38.

Megalosphärische Gehäuse (Fig. 9) mit dreikantigem Initialteil, an den einige kugelige, annähernd gleich große Kammern anschließen; mikrosphärische Exemplare (Fig. 10) mit durchwegs dreieckigem Querschnitt und gleichmäßig schwach an Größe zunehmenden Kammern. Beide Generationen sind ziemlich grob agglutinierend. Diese aus der Oberkreide von Trinidad beschriebene, von SAID & KENAWY aber auch aus dem Danien von Ägypten angegebene Art erreicht eine Länge von 1,3 mm.

Hypotypoide Nr. 3163/30; 3174.

Zu: M. E. Schmid, Die Foraminiferenfauna usw. Tafel I

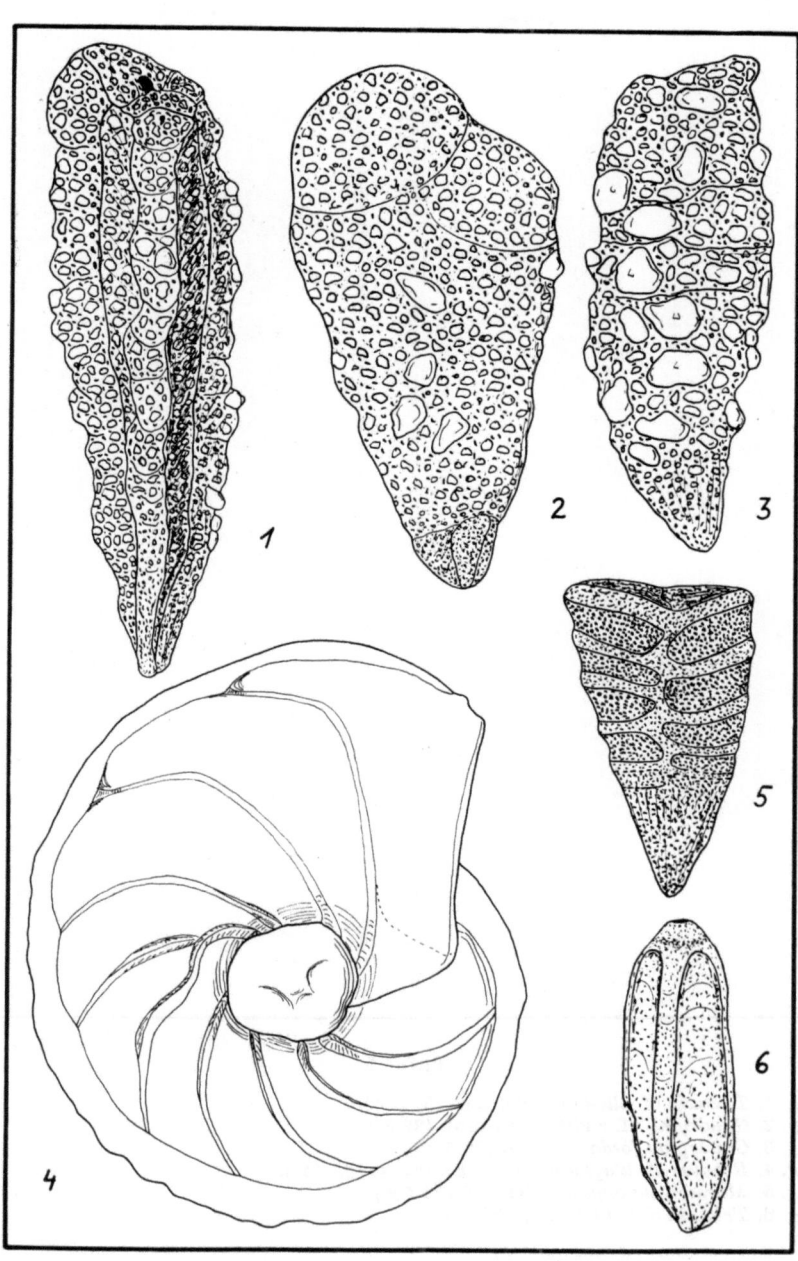

Tafel I

Fig. 1. *Tritaxia* cf. *ellisorae* CUSHMAN (32,5×).
Fig. 2. *Gaudryina* cf. *rudita* SANDIDGE (32,5×).
Fig. 3. *Gaudryina foeda* (REUSS) (32,5×).
Fig. 4. *Robulus* cf. *klagshamnensis* (BROTZEN) (32,5×).
Fig. 5. *Marssonella oxycona* (REUSS) (32,5×).
Fig. 6. *Tritaxia dubia* (REUSS) (32,5×).

Robulus cf. klagshamnensis Brotzen
(Taf. I, Fig. 4)

1948 (*Robulus klagshamnensis* n. sp.) BROTZEN, S. 41, Taf. 7, Fig. 1, 2.

Einige Gehäuse (Durchmesser 1,4—2,5 mm) lassen sich vielleicht zu dieser Art stellen, die von BROTZEN aus dem schwedischen Unterpaleozän beschrieben wurde. Die kleinen (juvenilen) Gehäuse sind im Querschnitt bikonvex, die größeren stark abgeflacht. Die Suturen sind im älteren Teil erhaben, leicht gekrümmt, zum gekielten Rand hin an Stärke abnehmend; im jüngsten Teil verlaufen sie in der Schalenebene. Die Nabelscheibe ist sehr deutlich ausgeprägt.
Belegstücke Nr. 3164/3; 3175.

Robulus cf. cultratus Montfort

1808 (*Robulus cultratus*) MONTFORT, Conch. Syst. *1*, S. 215.
1930 (*Cristellaria cultrata*) NUTTAL, S. 282.
1957 (*Robulus cultratus*) FORAMINIFERA PADANI, Taf. 9, Fig. 7.
1960 (*Robulus cultratus*) PAPP, S. 217, Abb. 3, Fig. 7.

Einige gekielte, glatte Gehäuse sind mit großer Wahrscheinlichkeit zu dieser Durchläuferform zu stellen.
Belegstücke Nr. 3176.

Robulus pseudomammiligerus (PLUMMER)
(Taf. II, Fig. 2)

1926 (*Cristellaria pseudo-mammiligera* n. sp.) PLUMMER, S. 98, Taf. 7, Fig. 11.
1951 (*Robulus pseudo-mammiligerus*) CUSHMAN, S. 13, Taf. 4, Fig. 1—5.

Zu dieser aus dem Midway beschriebenen Art lassen sich flache, längliche Gehäuse stellen, die im letzten Umgang 9 bis 10 Kammern besitzen und deutlich gekielt sind. Die Suturen tragen deutliche, gekrümmte, zur Peripherie spitz zulaufende Rippen, die von einem unregelmäßigen Nabelpfropf oder mehreren Knötchen ausgehen. Die Mündung ist strahlig und leicht vorgezogen. Maße: Durchmesser 1,3—1,6 mm, Dicke 0,6—0,8 mm.
Hypotypoide Nr. 3164/1; 3177.

Robulus rotulatus (LAMARCK)

1804 (*Lenticulites rotulata*) LAMARCK, Ann. Mus. 5, S. 188.
1806 (*Lenticulites rotulata*) LAMARCK, Ann. Mus. 8, Taf. 62, Fig. 11.
1926 (*Cristellaria rotulata*) PLUMMER, S. 91, Taf. 7, Fig. 8.
1946 (*Lenticulata rotulata*) CUSHMAN, S. 56, Taf. 18, Fig. 19, Taf. 19, Fig. 1—7.
1957 (*Robulus rotulatus*) FORAMINIFERA PADANI, Taf. 10, Fig. 6.

Einige kleine, bis zu 0,6 mm Durchmesser erreichende Gehäuse mit einer glasartig durchscheinenden Nabelscheibe rechne ich zu dieser seit dem Mesozoikum bekannten Art. Sie wird von PLUMMER (1926, S. 92) auch aus dem Midway angegeben.
Belegstücke Nr. 3178.

Robulus sp. 1
(Taf. II, Fig. 1)

Im Material von Haidhof fanden sich auch einige Exemplare eines bis zu 3 mm großen, gekielten, im ausgewachsenen Zustand sehr flachen Robulus, deren artliche Zugehörigkeit nicht festgestellt werden konnte. Die Gehäuse besitzen eine aus unregelmäßigen Knötchen oder Schwielen bestehende Nabelscheibe, in deren unmittelbarer Nähe auf den älteren Suturen vereinzelt ebenfalls solche Knötchen auftreten können. Die Suturen zwischen den jüngeren Kammern sind deutlich sichtbar, sie verlaufen in der Schalenebene. Der letzte Umgang besteht aus 8—12 Kammern; die an der Spitze der letzten Kammer gelegene Mündung ist deutlich gestrahlt.
Belegstücke Nr. 3164/2; 3179.

Nodosaria vertebralis (BATSCH)

1932 (*Nodosaria vertebralis* [Batsch]) HOFKER, S. 141ff., Abb. S. 144, 145.
1946 (*Nodosaria affinis* [Reuss]) CUSHMAN, S. 70, Taf. 25, Fig. 8—23.
1951 (*Nodosaria affinis*) CUSHMAN, S. 23, Taf. 7, Fig. 3—6.
1957a (*Nodosaria vertebralis*) HOFKER, S. 134ff., Fig. 151, 154.

Zahlreiche Bruchstücke, die auf eine Größe der Gehäuse von 8 mm oder mehr schließen lassen; das größte komplette Exemplar mißt 5,6 mm.

HOFKER stellte bereits 1932 „alle gestrichelten" Nodosarien bzw. Dentalinen der Kreide zu dieser Art, die sich bis in die Gegenwart gehalten hat. In seiner Arbeit befindet sich auch eine ausführliche Synonymieliste. 1957 kommt HOFKER zu den gleichen Ergebnissen.

Da in der Literatur gerade über die Nodosarien bei den einzelnen Autoren sehr verschiedene Auffassungen über Variabilität, taxionomischen Wert der Rippenbildung, des Zentralstachels u. a. herrschen, stelle ich die Exemplare von Haidhof zur *Nodosaria vertebralis* im Sinne HOFKERS; dies um so eher, als der stratigraphische Wert der Nodosarien nur äußerst gering einzuschätzen ist.

Belegstücke Nr. 3180.

Dentalina colei Cushman & Dusenbury

(Taf. II, Fig. 5)

1926 (*Vagulina legumen* [Linné] var. *elegans* [non d'Orbigny]) PLUMMER, S. 110, Taf. 6, Fig. 1.
1934 (*Dentalina colei* n. sp.) CUSHMAN & DUSENBURY, S. 54, Taf. 7, Fig. 10—12.
1951 (*Dentalina colei*) CUSHMAN, S. 19, Taf. 6, Fig. 8—10.

Von dieser Art liegen nur wenige, 0,9—2 mm Länge erreichende Exemplare vor, die jedoch mit den von CUSHMAN abgebildeten Gehäusen völlig übereinstimmen.

Hypotypoide Nr. 3163/20; 3182.

Vaginulinopsis sp.

(Taf. II, Fig. 8)

Zahlreiche Bruchstücke, die auf eine Größe bis zu 8 mm oder mehr schließen lassen. Es liegt nur ein gut erhaltenes, vollständiges Exemplar (Länge 6 mm) vor, das sich mit keiner der mir aus der Literatur bekannten Arten mit Sicherheit identifizieren läßt. Von der sehr ähnlichen *Vagulina mexicana* (J. Paleontol., 6, S. 16, Taf. 3, Fig. 16) unterscheidet es sich durch die deutlich spiralig angeordneten Anfangskammern.

Belegstücke Nr. 3164/4; 3183.

Pseudoglandulina manifesta (REUSS)
(Taf. III, Fig. 6)

1851 (*Glandulina manifesta* m.) REUSS, S. 22, Taf. 1, Fig. 4.
1926 (*Nodosaria radicula* [non Linné]) PLUMMER, S. 77, Taf. 4, Fig. 9.
1940 (*Pseudoglandulina manifesta*) CUSHMAN, S. 60, Taf. 11, Fig. 1.
1951 (*Pseudoglandulina manifesta*) CUSHMAN, S. 25, Taf. 7, Fig. 16, 17.

Uniseriale, an der Basis abgerundete oder leicht zugespitzte Gehäuse, mit deutlichen, im jüngeren Teil eingeschnürten Suturen und gestrahlter Mündung. Länge bis zu 1 mm.

Der Typus dieser Art stammt aus der Oberkreide von Lemberg; CUSHMAN gibt sie (1951, S. 26) auch aus dem Midway an.

Hypotypoid Nr. 3163/19; 3184.

Lingulina sp.

Ein dreikammeriges, kräftig beripptes Gehäuse von 1,1 mm Länge, dessen Artzugehörigkeit nicht festgestellt werden konnte. Belegstück Nr. 3185.

Palmula oldhami (PLUMMER)
(Taf. II, Fig. 3)

1926 (*Frondicularia oldhami* n. sp.) PLUMMER, S. 117, Textfig. 12.

PLUMMER beschrieb diese Art aus dem tiefsten Schichtglied der Midway-Formation. Es handelt sich dabei um sehr flache Gehäuse mit stark eingerollten Anfangskammern, die allmählich in den typischen, pfeilartigen Aufbau überleiten. Es liegen leider nur wenige Bruchstücke vor, die jedoch mit Beschreibung und Abbildung von PLUMMER völlig übereinstimmen.

Ähnlich dieser Form ist auch *Palmula primitiva paleocenica* CUSHMAN (1951, S. 30, Taf. 7, Fig. 38). Diese Art zeichnet sich aber durch eine Ornamentierung aus zahlreichen, äußerst feinen Längsstreifen aus, die jedoch aus den Abbildungen kaum zu erkennen sind.

Hypotypoide Nr. 3163/21; 3186.

Frondicularia angusta (NILSSON)

1826 (*Planularia angusta* n.) NILSSON, S. 343, Taf. 9, Fig. 22.
1946 (*Frondicularia verneuillana* [non d'Orbigny]) CUSHMAN, S. 90, Taf. 36, Fig. 15.
1957 (*Frondicularia angusta*) POŻARYSKA, S. 136, Taf. 20, Fig. 1.
1960 (*Frondicularia angusta*) TOLLMANN, S. 175, Taf. 15, Fig. 4, 5.

Zu: M. E. Schmid, Die Foraminiferenfauna usw. Tafel II

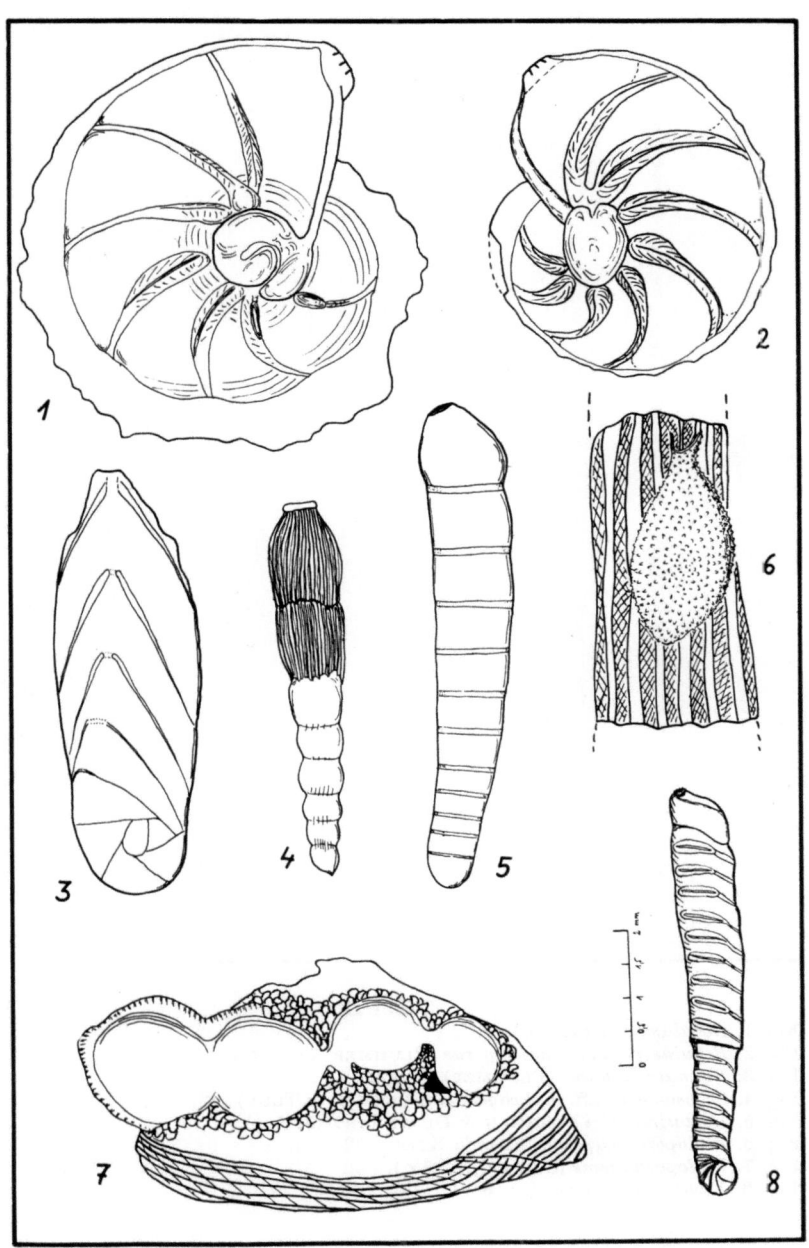

Tafel II
Fig. 1. *Robulus* sp. 1 (32,5×).
Fig. 2. *Robulus pseudomammiligerus* (PLUMMER) (32,5×).
Fig. 3. *Palmula oldhami* (PLUMMER) (65×).
Fig. 4. *Stilostomella* aff. *midwayensis* (CUSHMAN & TODD) (32,5×).
Fig. 5. *Dentalina colei* CUSHMAN & DUSENBURY (32,5×).
Fig. 6. *Bullopora chapmani hispida* KLINE (32,5×).
Fig. 7. *Bullopora laevis* (SOLLAS) (32,5×).
Fig. 8. *Vaginulinopsis* sp. (ca. 6×).

Kennzeichnend für diese Art sind die scharfen, rippenförmig ausgebildeten Kammergrenzen. Zwischen den Suturen zahlreiche, feine Längsrippen. Die Seitenränder dieser schmal-lanzettlichen Form sind beiderseits von deutlichen Leisten eingefaßt.

Ein Vergleich mit dem Material aus der Gosau des Ausseer Weißenbachtales, das mir Doz. Dr. TOLLMANN in liebenswürdiger Weise zur Verfügung stellte, zeigte, daß diese Art hinsichtlich der Ausbildung der Längsrippen sehr stark variiert. Daher stelle ich das einzige Exemplar, das gefunden werden konnte, trotz fehlender Initialkammer, ohne Bedenken zu dieser Form.

Belegstück Nr. 3187.

Frondicularia linearis Franke

1928 (*Frondicularia linearis* n. sp.) FRANKE, S. 72, Taf. 6, Fig. 17, 18.
1941 (*Frondicularia linearis*) MARIE, S. 122, Taf. 14, Fig. 173—175.
1953 (*Frondicularia linearis*) HAGN, S. 64, Taf. 5, Fig. 3.
1957 (*Frondicularia linearis*) POŽARYSKA, S. 149, Taf. 24, Fig. 5; Textfig. 38.

Von dieser zarten Art liegt ebenfalls nur ein Bruchstück vor, das sich durch zarte Längsrippen auszeichnet, die über die Kammergrenzen hinweg verlaufen.

Belegstück Nr. 3189.

Neoflabellina delicatissima (PLUMMER)
(Taf. IV, Fig. 1)

1926 (*Frondicularia delicatissima* n. sp.) PLUMMER, S. 120, Taf. 5, Fig. 4.
Non 1928 (*Frondicularia delicatissima*) WHITE, S. 203, Taf. 28, Fig. 13.
1951 (*Palmula delicatissima*) CUSHMAN, S. 29, Taf. 7, Fig. 33—35.

Gehäuse sehr flach, bis zur letzten Kammer rasch an Breite zunehmend, an der Basis abgerundet. Die Anfangskammern sind aufgerollt, die folgenden an beiden Seiten zur Basis hin zurückgezogen. Suturen durch dünne, scharfe Leisten markiert, die in der Mediane, d. h. an Stelle der ehemaligen Mündungen, maschenartige Verzweigungen bilden. Es konnte nur ein Exemplar aufgefunden werden, das zweifellos dieser aus der Midway-Formation beschriebenen Art angehört. Länge 0,8; Breite 0,5; Dicke 0,15 mm.

Die von WHITE 1928 aus der Oberkreide von Mexico angegebene Form gehört sicher nicht zu dieser Art, da seine Abbildung ein wesentlich schlankeres Gehäuse zeigt, dessen jüngere Kammern bei weitem nicht so stark zur Basis hinabgezogen sind als dies die Exemplare aus dem Midway zeigen.
Hypotypoid Nr. 3163/22.

Lagena acuticoasta proboscidialis Bandy
(Taf. IV, Fig. 6)

1936 (*Lagena isabella* [*non* d'Orbigny]) BROTZEN, S. 111, Taf. 7, Fig. 5; Textabb. 37 (partim).
1946 (*Lagena acuticosta*) CUSHMAN, S. 94, Taf. 39, Fig. 14, 15.
1951 (*Lagena acuticosta* Reuss var. *proboscidialis* n. var.) BANDY, S. 503, Taf. 73, Fig. 16.
1957a (*Lagena cayeuxi* [non Marie]) HOFKER, S. 162, Fig. 200c.
1960 (*Lagena acuticosta proboscidialis*) TOLLMANN, S. 178, Taf. 17, Fig. 5.

Zwei scharf gerippte Gehäuse zeichnen sich durch einen deutlich abgesetzten, ebenfalls berippten Fortsatz aus, der am oberen Ende eine glatte, kegelförmige Spitze mit der Mündung trägt. Sie stimmen mit den von TOLLMANN beschriebenen Exemplaren in allen Einzelheiten überein, wie ich mich an Hand seines Originalmaterials aus der Gosau überzeugen konnte.
Hypotypoid Nr. 3163/25; 3190.

Lagena globosa ovalis Reuss

1870 (*Lagena globosa* [Montagu] var. *ovalis* m.) REUSS, S. 466.
1928 (*Lagena globosa*) FRANKE, S. 85, Taf. 7, Fig. 30.
1936 (*Lagena globosa*) BROTZEN, S. 109, Taf. 7, Fig. 3.
1946 (*Lagena* cf. *globosa*) CUSHMAN, S. 95, Taf. 39, Fig. 26.
1957 (*Lagena globosa ovalis*) POŻARYSKA, S. 43, Taf. 6, Fig. 6, 7.

Zu dieser Art stelle ich mit POŻARYSKA drei glatte, eiförmige Gehäuse mit etwas vorgezogener Mündung.
Belegstücke Nr. 3191.

Lagena reticulata MacGillivray

1862 (*Lagena reticulata* MacGillivray) REUSS, S. 333, Taf. 5, Fig. 67, 68.

Ein am unteren Ende abgerundetes, gegen die Mündung zu spitz zulaufendes Gehäuse mit einer aus unregelmäßigen, netzartig angeordneten Vier-, Fünf- und Sechsecken bestehenden Skulptur läßt sich am besten mit dieser Form vergleichen.
Belegstück Nr. 3192.

Lagena cf. *sulcata* Walker & Jacob

1960 (*Lagena sulcata*) TOLLMANN, S. 178, Taf. 17, Fig. 4. Ibid. Lit.

Zu dieser Art lassen sich vielleicht drei kugelförmige Lagenen rechnen, die ein zugespitztes Mündungsende und zahlreiche Längsrippen aufweisen.
Belegstücke Nr. 3193.

Lagena sp.

Ein flaches, in der Seitenansicht dreikieliges Gehäuse mit einem sehr langen Hals ließ sich leider artlich nicht bestimmen.
Belegstück Nr. 3194.

Lagenodosaria hystrix (REUSS)

1862 (*Lagena hystrix*) REUSS, S. 335, Taf. 6, Fig. 80.
1928 (*Lagena hispida* f. *hystrix*) FRANKE, S. 88, Taf. 8, Fig. 4.
1957 (*Nodosaria hystrix*) POŻARYSKA, S. 66, Textfig. 9.

Drei Einzelkammern gehören sicher zu dieser Form. POŻARYSKA beschrieb sie aus dem Danien von Polen. Leider liegt mir kein vollständiges Exemplar vor, doch lassen Abbildung und Beschreibung bei POŻARYSKA die Zugehörigkeit zur Gattung Lagenodosaria SILVESTRI eindeutig erkennen.
Belegstücke Nr. 3195.

Stilostomella plummerae (CUSHMAN)
(Taf. III, Fig. 2)

1926 (*Nodosaria sagrinensis* [non Bagg]) PLUMMER, S. 85, Taf. 4, Fig. 16.
1940 (*Ellipsonodosaria plummerae* n. sp.) CUSHMAN, S. 69, Taf. 12, Fig. 4, 5.
1951 (*Ellipsonodosaria plummerae*) CUSHMAN, S. 46, Taf. 13, Fig. 1, 2.

Einige Exemplare (Länge 0,5—1 mm) stimmen gut mit der aus dem Midway beschriebenen Art überein. Die Kammern besitzen ihre größte Breite an der Basis und tragen bei gut erhaltenen Gehäusen schwache Längsrippen, die basal als kurze Stacheln hervortreten. Die Endkammer kann an Stelle der Längsrippen auch in unregelmäßigen Reihen angeordnete zarte Stacheln tragen. Falls der Erhaltungszustand nicht so günstig ist, ist die Form jedoch kaum von *Stilostomella paleocenica* (CUSHM. & TODD) zu unterscheiden. (Vgl. CUSHMAN, 1951, S. 46, Taf. 13, Fig. 3—5).

Hypotypoide Nr. 3163/6; 3196.

Stilostomella aff. *midwayensis* Cushman & Todd
(Taf. II, Fig. 4)

Im Material von Haidhof fanden sich auch drei Exemplare einer Stilostomella, die zweifellos nahe mit der ebenfalls aus der Midway-Formation beschriebenen *St. midwayensis* verwandt sind. Sie zeichnen sich durch eine lamellenartige Längsskulptur aus, die aber nur auf den letzten zwei oder drei Kammern aufscheint, während die älteren glatt oder — besonders im Bereich der Suturen — nur äußerst fein längsgestreift sind. (Vgl. CUSHMAN, 1951, S. 47, Taf. 13, Fig. 6—10). Sie erreichen eine Länge von 0,8—1,6 mm.

Belegstücke Nr. 3163/23; 3197.

Guttulina trigonula (REUSS)

1845 (*Polymorphina trigonula* m.) REUSS, S. 40, Taf. 13, Fig. 84.
1845 (*Polymorphina damaecornis* m.) REUSS, S. 40, Taf. 13, Fig. 85.
1930 (*Guttulina trigonula*) CUSHMAN & OZAWA, Taf. 4, Fig. 2.
1950 (*Guttulina trigonula*) VISSER, S. 239, Taf. 4, Fig. 5.
1957a (*Guttulina trigonula*) HOFKER, S. 165, Fig. 203.

Diese im Querschnitt deutlich abgerundet dreieckige Form ist in der Oberkreide weit verbreitet und kommt in einigen typischen Exemplaren auch im Material von Haidhof vor.

Belegstücke Nr. 3198.

Bullopora laevis (SOLLAS)
(Taf. II, Fig. 7)

1877 (*Webbina laevis* n.) SOLLAS, S. 103, Taf. 6, Fig. 1—3.
1928 (*Vitriwebbina laevis*) FRANKE, S. 125.
1946 (*Bullopora laevis*) CUSHMAN, S. 98, Taf. 42, Fig. 1—4.
1951 (*Bullopora laevis*) CUSHMAN, S. 36, Taf. 10, Fig. 18.
1953 (*Bullopora laevis*) HAGN, S. 72, Taf. 6, Fig. 26.
1960 (*Bullopora laevis*) TOLLMANN, S. 180, Taf. 17, Fig. 15, Taf. 18, Fig. 1.

Zu: M. E. Schmid, Die Foraminiferenfauna usw. Tafel III

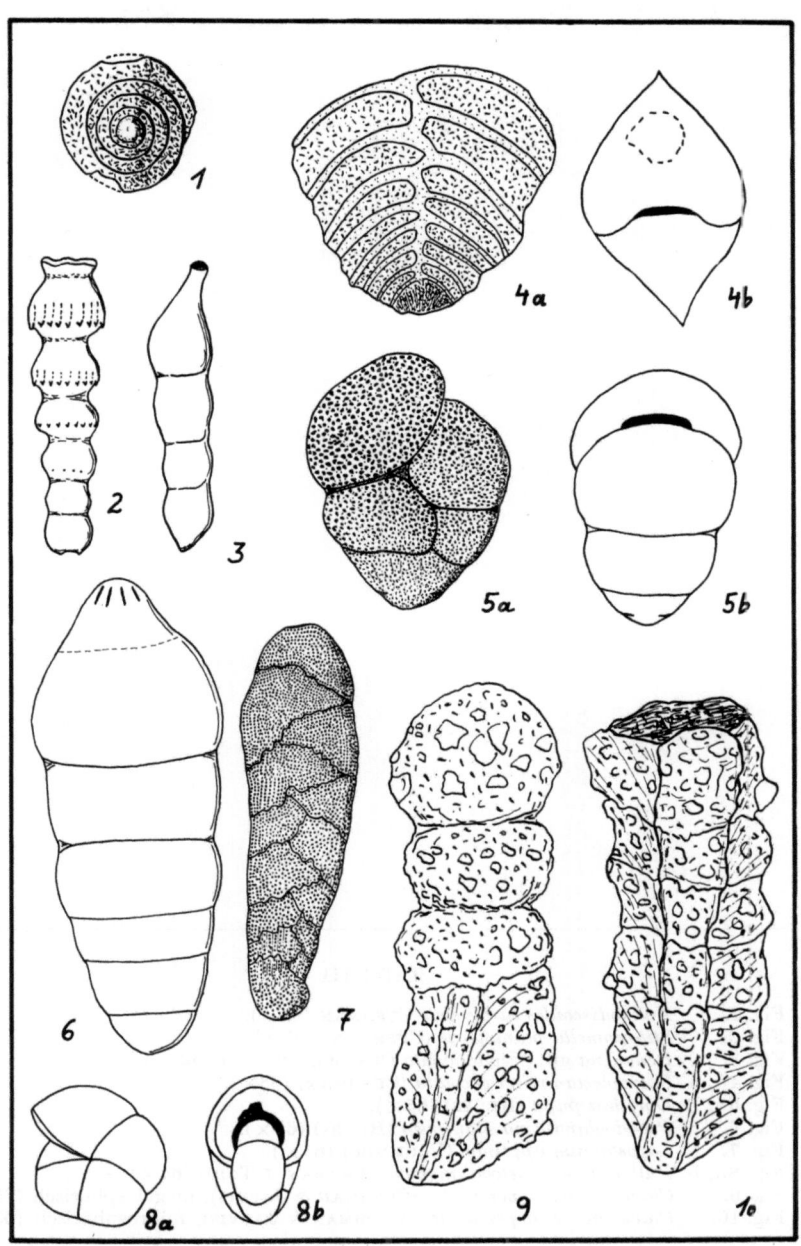

Tafel III

Fig. 1. *Ammodiscoides turbinatus* CUSHMAN (65×).
Fig. 2. *Stilostomella plummerae* (CUSHMAN) (65×).
Fig. 3. *Dentalina* aff. *pseudonasuta* CUSHMAN & TODD (65×).
Fig. 4a, b. *Spiroplectammina excolata* (CUSHMAN) (65×).
Fig. 5a, b. *Dorothia pupa* (REUSS) (65×).
Fig. 6. *Pseudoglandulina manifesta* (REUSS) (65×).
Fig. 7. *Loxostomum applinae* (PLUMMER) (65×).
Fig. 8a, b. *Pullenia quinqueloba angusta* CUSHMAN & TODD (65×).
Fig. 9. *Clavulinoides asper whitei* (CUSHMAN & JARVIS), megalosphärisch (65×).
Fig. 10. *Clavulinoides asper whitei* (CUSHMAN & JARVIS), mikrosphärisch (65×).

Zu dieser Art stelle ich Formen mit unregelmäßig aneinander gereihten, ± halbkugeligen oder etwas in die Länge gezogenen Kammern, die auf Muschelsplittern oder großen Foraminiferen sowie Echinodermenplatten festgeheftet sind. *B. laevis* ist in der gesamten Kreide Europas und Nordamerikas weit verbreitet und wird auch aus dem Midway angegeben.
Hypotypoide Nr. 3164/6; 3199, 3200.

Bullopora chapmani hispida Kline
(Taf. II, Fig. 6)

1943 (*Bullopora chapmani* [Plummer] var. *hispida* n. var.) KLINE, S. 43, Taf. 4, Fig. 12.
1951 (*Bullopora chapmani* var. *hispida*) CUSHMAN, S. 36, Taf. 10, Fig. 23.

Von dieser Form liegen nur zwei Exemplare vor, die sich durch langgestreckte Kammern mit feinbestachelter Oberfläche auszeichnen.
Hypotypoide Nr. 3164/5; 3201.

Ramulina aculeata (D'ORBIGNY)

1953 (*Ramulina aculeata*) HAGN, S. 71, Taf. 6, Fig. 9, 10.
1960 (*Ramulina aculeata*) TOLLMANN, S. 180, Taf. 17, Fig. 13, 14. Ibid. Lit.

Unter diesem Namen fasse ich mit HAGN (1953, S. 71) Bruchstücke großwüchsiger, grobbestachelter Ramulinen zusammen.
Belegstücke Nr. 3202.

Bulimina cf. *pupoides* d'Orbigny

1846 (*Bulimina pupoides*, d'Orbigny) D'ORBIGNY, S. 185, Taf. 11 Fig. 11, 12.
1930 (*Bulimina pupoides*) NUTTAL, S. 285.
1960 (*Bulimina pupoides*) PAPP, S. 220, Textabb. 6, Fig. 22, 23.

Einige glatte, am unteren Ende zugespitzte Gehäuse lassen sich am ehesten mit dieser aus dem Wr. Becken beschriebenen Durchläuferform vergleichen. Sie erreichen eine Länge von 0,5 mm; die größte Breite liegt am Mündungsende und beträgt 0,3 mm.
Belegstücke Nr. 3203.

Loxostomum applinae (PLUMMER)
(Taf. III, Fig. 7)

1926 (*Bolivina applini* n. sp.) PLUMMER, S. 69, Taf. 4, Fig. 1.
1930 (*Loxostomum applinae*) NUTTAL, S. 285, Taf. 4, Fig. 4, 5.
1937a (*Loxostomum applinae*) GLAESSNER, S. 373.
1948 (*Loxostoma applinae*) BROTZEN, S. 66, Taf. 10, Fig. 11.
1951 (*Loxostomum applinae*) CUSHMAN, S. 43, Taf. 12, Fig. 18.

Lange, schmale, leicht abgeplattete Gehäuse, biserial; im letzten Stadium mit leichter Tendenz zur Uniserialität. Die jüngeren Kammern sind an der Basis schwach gelappt oder fein gezackt; manche Exemplare zeigen, besonders im Anfangsteil, eine äußerst feine Längsstreifung. Länge 0,6—0,8 mm.

Die aus dem Midway beschriebene Art wird von BROTZEN auch aus dem schwedischen und dänischen Paleozän angegeben. Belegstücke Nr. 3163/16; 3204.

Angulogerina europaea Cushman & Edwards
(Taf. IV, Fig. 7)

1937 (*Angulogerina europaea* n. sp.) CUSHMAN & EDWARDS, S. 61, Taf. 8, Fig. 17, 18.
1937a (*Pseudouvigerina selseyensis* ([Heron-Allen & Earland]) var. *sculpta* n. var.) GLAESSNER, S. 373, Taf. 2, Fig. 20.
1948 (*Angulogerina europaea*) BROTZEN, S. 64, Taf. 6, Fig. 9.

Gehäuse klein, bis zu 0,3 mm, im Querschnitt abgerundet dreieckig; die größte Breite liegt im Bereich der letzten Kammer. Im Initialteil sind die Kammern dreizeilig angeordnet, distal ist die Anordnung aufgelockert. Der Unterrand der Kammern ist ausgehöhlt und überragt die vorhergehende Windung. Die Mündung liegt terminal, mit sehr kurzem Hals.

Diese variable Art, die erstmals aus dem Montien von Frankreich beschrieben wurde, findet sich nicht selten auch im Material von Haidhof. Sie wird von BROTZEN aus dem Danien und dem Paleozän angegeben; GLAESSNER führt sie aus dem Paleozän des Kaukasus an.

Hypotypoide Nr. 3163/26; 3205.

Tappanina selmensis (CUSHMAN)
(Taf. VI, Fig. 10a, b)

1933 (*Bolivinita selmensis* n. sp.) CUSHMAN, S. 58, Taf. 7, Fig. 3, 4.
?1936 (*Bolivinita crawfordensis* n. sp.) JENNINGS, S. 28, Taf. 3, Fig. 14.

1937a *(Bolivinita exigua* n. sp.) GLAESSNER, S. 339, Taf. 2, Fig. 12.
1937 *(Bolivinita costifera* n. sp.) CUSHMAN, S. 105, Taf. 15, Fig. 15.
1940 *(Eouvigerina excavata* n. sp.) CUSHMAN, S. 66, Taf. 11, Fig. 18.
1946 *(Bolivinita selmensis)* CUSHMAN, S. 114, Taf. 49, Fig. 1, 2.
1946 *(Bolivinita costifera)* CUSHMAN, S. 115, Taf. 49, Fig. 3.
1948 *(Bolivinita selmensis)* BROTZEN, S. 56, Taf. 9, Fig. 7; Textfig. 16.
1951 *(Eouvigerina excavata)* CUSHMAN, S. 38, Taf. 11, Fig. 12.
1955 *(Bolivina selmensis)* HOFKER, S. 8, Taf. 4, Fig. links oben.
1956a *(Bolivina selmensis)* HOFKER, S. 68, Taf. 10, Fig. 73.
1957 *(Tappanina selmensis)* MONTANARO GALLITELLI, S. 147, Taf. 33, Fig. 21.

Gehäuse sehr klein (0,25—0,30 mm lang, 0,16—0,20 mm breit), zweizeilig, rhombisch bis rechteckig im Querschnitt. Die Kammern nehmen gleichmäßig an Größe zu, die älteren sind ± flach, die jüngeren an der Breitseite konkav, an der Schmalseite konvex. Die Suturen sind deutlich zum Initialteil hin gekrümmt. Die jüngeren Kammern sind durch scharfe, kielartig hervortretende Randwinkel ausgezeichnet. Die Mündung besteht aus einem engen, von der Basismitte der letzten Kammer ausgehenden Spalt.

GALLITELLI errichtete 1955 die Gattung Tappanina mit dem Generotyp *Bolivinita selmensis* Cushman (Mem. Accad. Sci. Lett. Arti Modena, Ser. 5, 13, S. 18). Sie unterscheidet sich von *Bolivinita* Cushman vor allem durch die horizontalen Querkiele, das Fehlen von axialen, randlichen Längskielen und die Mündung. Der Holotyp von *Eouvigerina excavata* Cushman ist eine *Tappanina selmensis*, bei der die letzte Kammer teilweise gebrochen ist und dadurch einen Hals vortäuscht (GALLITELLI 1957, S. 147). Da die Länge des flachen Gehäuseteiles bei den einzelnen Exemplaren stark variiert und auch die Querkiele nicht immer gleich stark ausgeprägt sind, schließe ich mich der Meinung BROTZENS an, der auch *Bolivinita costifera* als Synonym zu *B. selmensis* auffaßt (1948, S. 56). Ob *B. crawfordensis* Jennings aus dem Eozän der Wilcox-Formation auch synonym zu *B. selmensis* ist, läßt sich wegen der ungenügenden Beschreibung und Abbildung nicht mit Sicherheit feststellen.

Tappanina selmensis (CUSHMAN) ist vom Maastricht bis in das Paleozän nachgewiesen. Schon BROTZEN gibt sie (1948, S. 57) aus Bruderndorf an; er konnte sie auch im schwedischen Danien und Paleozän finden. Die Art ist, da *B. exigua* ebenfalls eindeutig synonym zu *T. selmensis* ist (vgl. GLAESSNER 1937, S. 339), auch aus dem Kaukasus bekannt.

Hypotypoide Nr. 3163/27; 3206.

Pleurostomella paleocenica Cushman

(Taf. IV, Fig. 8a, b)

1926 (*Pleurostomella alternans* [non Schwager]) PLUMMER, S. 69, Taf. 4, Fig. 2.
1947 (*Pleurostomella paleocenica* n. sp.) CUSHMAN, S. 86, Taf. 18, Fig. 15, 14.
1951 (*Pleurostomella paleocenica*) CUSHMAN, S. 45, Taf. 12, Fig. 31—33.

Einige kleine Exemplare mit ziemlich tief eingeschnittenen Suturen im jüngeren Teil des Gehäuses und einer zahnlosen Mündung unterscheiden sich von der aus dem Midway beschriebenen Form nur durch etwas größere Maße (Durchmesser ca. 0,15 mm, Länge 0,4—0,55 mm).

Hypotypoide Nr. 3163/12; 3207.

Nodosarella attenuata (PLUMMER)

(Taf. IV, Fig. 3)

1926 (*Ellipsopleurostomella attenuata* n. sp.) PLUMMER, S. 131, Taf. 8, Fig. 6.
1951 (*Nodosarella attenuata*) CUSHMAN, S. 45, Taf. 12, Fig. 31—37.

Es liegen nur zwei Exemplare (0,65 und 0,8 mm lang) vor, die der Beschreibung und Abbildung von PLUMMER gut entsprechen. Die Suturen verlaufen schräg und sind viel weniger vertieft als bei der folgenden Art.

Hypotypoide Nr. 3163/10; 3208.

Nodosarella paleocenica Cushman & Todd

(Taf. IV, Fig. 2)

1946 (*Nodosarella paleocenica* n. sp.) CUSHMAN & TODD, S. 60, Taf. 10, Fig. 23.
1951 (*Nodosarella paleocenica*) CUSHMAN, S. 46, Taf. 12, Fig. 38.
1960b (*Nodosarella paleocenica*) HOFKER, S. 227, Textfig. 29.

Leider liegt von dieser Form nur ein Exemplar vor. Es unterscheidet sich von *N. attenuata* (PLUMMER) durch die horizontalen, zwischen den letzten Kammern deutlich eingeschnürten Suturen.

Hypotypoid Nr. 3163/11.

Allomorphina halli Jennigs
(Taf. IV, Fig. 4a, b)

1927 (*Allomorphina trigona* [non Reuss]) FRANKE, S. 12, Taf. 1, Fig. 11.
1936 (*Allomorphina halli* new name) JENNINGS, S. 34, Taf. 4, Fig. 5.
1948 (*Allomorphina halli*) BROTZEN, S. 127, Taf. 19, Fig. 4; Textfig. 39—41.
1950 (*Quadrimorphina allomorphinoides* [non Reuss]) VISSER, S. 281, Taf. 1, Fig. 18.
1957a (*Allomorphina halli*) HOFKER, S. 200, Textfig. 247.

Gehäuse trochoid, mit breit gerundeter Basis. Drei Kammern pro Windung, die in der letzten stark an Größe zunehmen und durch deutliche, leicht vertiefte Suturen getrennt sind. Die Gehäusewand ist glatt und glänzend. Die Öffnung besteht aus einem breiten, von einer großen Lippe bedeckten Schlitz am unteren Rand der letzten Kammer. Maße: Länge 0,25—0,40; Breite 0,20—0,30; Dicke 0,20 bis 0,25 mm.
Hypotypoide Nr. 3163/13; 3209.

Pullenia quinqueloba angusta Cushman & Todd
(Taf. III, Fig. 8a, b)

1926 (*Pullenia quinqueloba* [non Reuss]) PLUMMER, S. 136, Taf. 8, Fig. 12.
1943 (*Pullenia quinqueloba* Reuss var. *angusta* n. var.) CUSHMAN & TODD, S. 10, Taf. 2, Fig. 3, 4.
1951 (*Pullenia quinqueloba* var. *angusta*) CUSHMAN, S. 59, Taf. 17, Fig. 6.

Diese Unterart weicht von der typischen *P. quinqueloba* Reuss durch die geringere Größe, flacheres Gehäuse und die schwach gewinkelte Peripherie ab. Die Maße sind: Länge 0,3—0,4; Breite 0,25—0,35; Dicke 0,2—0,25 mm.
Hypotypoide Nr. 3163/4; 3210.

Nonionella cf. *robusta* Plummer
(Taf. IV, Fig. 9a—c)

1931 (*Nonionella robusta* n. sp.) PLUMMER, S. 175, Taf. 14, Fig. 12.
1939 (*Nonionella robusta*) CUSHMAN, S. 27, Taf. 7, Fig. 3.
1946 (*Nonionella robusta*) CUSHMAN, S. 100, Taf. 43, Fig. 21—23.

Mäßig abgeflachte, ungefähr gleich bikonvexe Gehäuse mit gerundeter Peripherie. Der letzte Umgang besteht aus 8—9 gleichmäßig an Größe zunehmenden Kammern, die von schwach gebogenen, vertieften Suturen getrennt werden. Der Nabel ist klein und unscheinbar; die Öffnung besteht aus einem engen Spalt an der Basis der letzten Kammer. Die Maße: Länge 0,25—0,30; Breite 0,15—0,20; Dicke ca. 0,15 mm.

Die vorliegenden Exemplare weichen von der typischen *Nonionella robusta* PLUMMER durch die etwas gleichmäßiger an Größe zunehmenden Kammern, vor allem aber durch die fast symmetrische Endkammer ab.

Belegstücke Nr. 3163/5; 3211.

Heterohelix globulosa (EHRENBERG)
(Taf. VI, Fig. 9)

1834 *(Textilaria globulosa* n.) EHRENBERG, S. 135, Taf. 4, Fig. 48 (fide ELLIS & MESSINA).
1899 *(Gümbelina globulosa)* EGGER, S. 32, Taf. 14, Fig. 43.
1946 *(Gümbelina globulosa)* CUSHMAN, S. 105, Taf. 45, Fig. 9—15.
1948 *(Gümbelina* cf. *globulosa)* BROTZEN, S. 55, Textfig. 15.
1957 *(Heterohelix globulosa)* MONTANARO GALLITELLI, S. 137, Taf. 31, Fig. 12—15.
1960b *(Gümbelina globulosa)* HOFKER, S. 224, 228, Textfig. 18, 39.

An Material liegen mir bedauerlicherweise nur wenige Exemplare vor, von denen eines die ? Andeutung eines spiraligen Anfangsteiles erkennen läßt.

Im System von CUSHMAN (1948) ist die Familie *Heterohelicidae* in mehrere Unterfamilien aufgeteilt, darunter die der *Heterohelicidae* mit *Heterohelix* Ehrenberg sowie die der *Gümbelininae* mit *Gümbelina* Egger. SIGAL (1952) stellt die beiden Genera sogar in verschiedene Überfamilien, und zwar Überfamilien Buliminidea, Fam. *Heterohelicidae* mit *Heterohelix* und Überfamilie Rotaliidea, Fam. *Gümbelinidae* mit *Gümbelina*.

MONTANARO GALLITELLI zeigte jedoch 1957 (S. 137 ff.), daß *Gümbelina* Egger bloß als jüngeres Synonym für *Heterohelix* Ehrenberg aufzufassen ist. Die Trennung der beiden Genera beruhte auf der Ausbildung eines deutlich spiral aufgerollten Anfangsteiles bei *Heterohelix* bzw. dem Fehlen eines solchen bei *Gümbelina*. Durch Untersuchung zahlreicher Topotypen und Paratypen bei stärksten Vergrößerungen konnte die Autorin aber nachweisen, daß sowohl bei *Heterohelix* Formen ohne Spira auftreten als auch bei

Zu: M. E. Schmid, Die Foraminiferenfauna usw.   Tafel IV

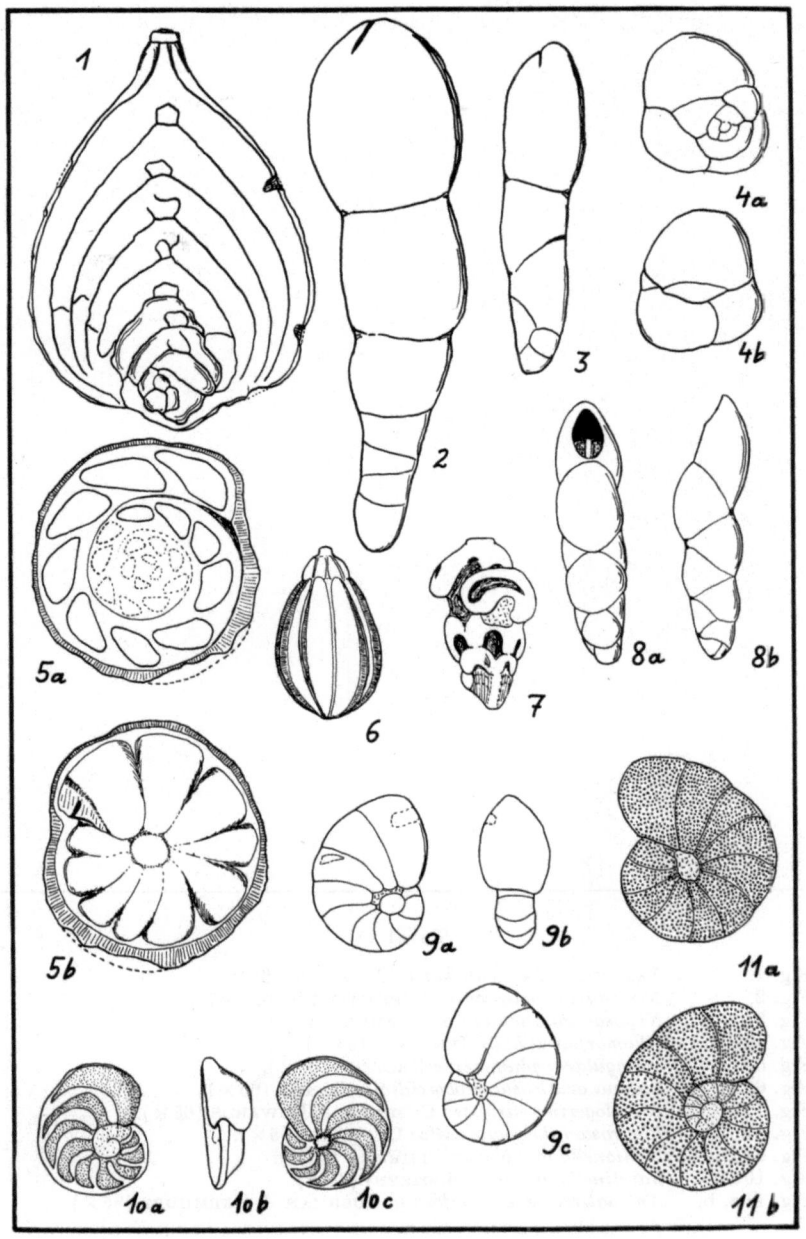

Tafel IV

Fig. 1. *Neoflabellina delicatissima* (PLUMMER) (65×).
Fig. 2. *Nodosarella paleocenica* CUSHMAN & TODD (65×).
Fig. 3. *Nodosarella attenuata* (PLUMMER) (65×).
Fig. 4a, b. *Allomorphina halli* JENNINGS (65×).
Fig. 5a, b. *Osangularia plummerae* BROTZEN (65×).
Fig. 6. *Lagena acuticosta proboscidialis* BANDY (65×).
Fig. 7. *Angulogerina europaea* CUSHMAN & EDWARDS (65×).
Fig. 8a, b. *Pleurostomella paleocenica* CUSHMAN (65×).
Fig. 9a, b, c. *Nonionella* cf. *robusta* PLUMMER (65×).
Fig. 10a, b, c. *Gavelinella ekblomi* (BROTZEN) (65×).
Fig. 11a, b. *Anomalina praespissiformis* CUSHMAN & BERMUDEZ (65×).

Gümbelina Exemplare mit spiraligem Anfangsstadium — bei „*Gümbelina globulosa*" war dies bei 25,3% des untersuchten Materials der Fall. Auf Grund dieser Tatsachen kommt GALLITELLI zu dem Ergebnis, daß *Gümbelina* Egger invalid ist.

Einzelne Exemplare weisen große Ähnlichkeit zu *Chilogümbelina midwayensis* (CUSHMAN) auf. Es konnten jedoch keine typischen Exemplare nachgewiesen werden, welche die für *Ch. midwayensis* typische Mündung: ". . . a broad open arch, with a prominent apertural flap at one side, causing the aperture to appear directed to one side of the test" (LOEBLICH & TAPPAN, 1957b, S. 179) gezeigt hätten.

Hypotypoide Nr. 3163/33; 3212.

Patellina sp.

Im Material von Haidhof fanden sich nicht selten auch Exemplare einer *Patellina*, deren artliche Bestimmung infolge des schlechten Erhaltungszustandes, der auch im Aufhellungsmedium keine Einzelheiten erkennen läßt, nicht möglich war. Die Maße sind: Länge 0,25—0,45; Breite 0,20—0,40; Höhe 0,15—0,18 mm.

Belegstücke Nr. 3213.

Gavelinella danica (BROTZEN)
(Taf. V, Fig. 1a—c)

1927 (*Anomalina grosserugosa* [non Gümbel]) FRANKE, S. 37, Taf. 4, Fig. 3.
1940 (*Cibicides danica* n. sp.) BROTZEN, S. 31, Fig. 7, Abb. 2.
1944 (*Anomalina grosserugosa* [non Gümpel]) TEN DAM, S. 130, Taf. 5, Fig. 2.
1948 (*Anomalinoides danica*) BROTZEN, S. 87, Taf. 14, Fig. 1; Textfig. 22.
1955a (*Gavelinella danica*) HOFKER, S. 11, Taf. 1, Fig. unten.
1955b (*Gavelinella danica*) HOFKER, S. 49, Textfig. 1, 2.

Gehäuse rund oder leicht oval, dorsal alle Kammern sichtbar, aber die inneren von denen der äußersten Windung manchmal teilweise überdeckt. Ventral sind nur die Kammern des letzten Umgangs zu erkennen, die eine meist deutliche Nabelöffnung freilassen. Die Suturen sind vertieft, dorsal leicht nach rückwärts gebogen, ventral nahezu radiär angeordnet. Die ventral gelegene, interiormarginale Mündung setzt sich in den Nabel hinein fort und ist von einer deutlichen, etwas verdickten Lippe bedeckt. Die Gehäusewand ist dick, die Kammern mit Ausnahme der dorsal ungeporten Anfangskammern deutlich und stark mit großen Poren versehen. Durchmesser: 0,4—0,7 mm.

Die Art ist in Europa vom Maastricht bis in das Paleozän nachgewiesen und wird von HOFKER auch aus dem Paleozän der Vincentown-Formation angegeben.

Hypotypoide Nr. 3163/3; 3114.

Gavelinella simplex (BROTZEN)

1948 (*Cibicides simplex* n. sp.) BROTZEN, S. 83, Taf. 13, Fig. 4, 5.
1955a (*Gavelinella simplex*) HOFKER, S. 12, Taf. 1, Fig. rechts oben, Taf. 5, Fig. Mitte links.

Dorsalseite leicht konvex, ventral flach mit undeutlichem Nabel. Im letzten Umgang 7—9 Kammern, Suturen im jüngeren Teil leicht vertieft. Peripherie stumpf — gewinkelt; Mündung an der Basis der letzten Kammer, bis in den Nabel reichend. Durchmesser: 0,3—0,35 mm.

Diese ziemlich variable Art wurde von BROTZEN aus dem Paleozän Schwedens beschrieben; HOFKER gibt sie ebenfalls aus der Vincentown-Formation an.

Belegstücke Nr. 3215.

Gavelinella ekblomi (BROTZEN)
(Taf. IV, Fig. 10a—c)

1948 (*Cibicides ekblomi* n. sp.) BROTZEN, S. 82, Taf. 13, Fig. 2.
1957a (*Gavelinella ekblomi*) HOFKER, S. 308, Fig. 365.

Gehäuse klein, Durchmesser um 0,20 mm. Die Dorsalseite ist schwach konvex, die Ventralseite flach. Die Gehäusekante ist ziemlich scharf und der Ventralseite angenähert. Die Suturen sind deutlich, breit, stark nach hinten gebogen.

Nach BROTZEN ist die Spiralseite mit feineren Poren versehen als die Nabelseite, nach HOFKER ist die Spiralseite überhaupt porenlos. Bei den vorliegenden Exemplaren sind die Poren dorsal und ventral ungefähr gleich ausgebildet. Diese Unterschiede dürften jedoch auf den Erhaltungszustand zurückzuführen sein.

Hypotypoide Nr. 3163/18; 3216.

Gyroidinoides subangulata (Plummer)
(Taf. V, Fig. 3a—c)

1926 (*Rotalia soldanii* [d'Orbigny] var. *subangulata* n. var.) Plummer, S. 154, Taf. 12, Fig. 1.
1940 (*Gyroidina subangulata*) Cushman, S. 71, Taf. 12, Fig. 7.
1951 (*Gyroidina subangulata*) Cushman, S. 51, Taf. 14, Fig. 14, 15.
1956 (*Gyroidina subangulata*) Said & Kenawy, S. 149, Taf. 5, Fig. 9.
1958 (*Gyroidinoides subangulata*) Hofker, S. 43, Fig. 7, 8.

Zu dieser erstmals aus dem Midway beschriebenen Art lassen sich einige aus ca. 2 Windungen aufgebaute Gehäuse stellen. Im letzten Umgang sind meist acht Kammern. Die Dorsalseite ist flach, die Ventralseite sehr stark konvex. Die Suturen zwischen den letzten Kammern sowie um den Nabel leicht vertieft, sonst eben, dorsal schräg, ventral radiär. Bei gut erhaltenen Exemplaren ist an der letzten Kammer eine Umbilicallippe zu erkennen. Die Öffnung besteht aus einem engen, langen Schlitz an der Basis der Endkammer. Durchmesser 0,30—0,45 mm.
Hypotypoide Nr. 3163/7; 3217.

Eponides plummerae Cushman
(Taf. V, Fig. 2a, b)

1926 (*Truncatulina tenera* [non Brady]) Plummer, S. 146, Taf. 9, Fig. 5.
1948 (*Eponides plummerae* n. sp.) Cushman, S. 44, Taf. 8, Fig. 9.
1951 (*Eponides plummerae*) Cushman, S. 52, Taf. 14, Fig. 20, 22.

Nur ein Exemplar (Durchmesser 0,4 mm), das mit den Abbildungen und Beschreibungen bei Plummer und Cushman gut übereinstimmt.
Hypotypoid Nr. 3163/8.

Pseudovalvulineria ammonoides (Reuss)
(Taf. V, Fig. 4a—c)

1845 (*Rosalina ammonoides* m.) Reuss, S. 36, Taf. 8, Fig. 53; Taf. 13, Fig. 66.
non 1932 (*Anomalina ammonoides*) Cushman & Jarvis, S. 51, Taf. 16, Fig. 1.
1942 (*Gavelinella ammonoides*) Brotzen, S. 48, Fig. 16.
1946 (*Anomalina ammonoides*) Cushman, S. 154, Taf. 63, Fig. 10, 11.

Diese Art zeichnet sich durch die ventral stark gewölbten, wie aufgeschwollen erscheinenden letzten Kammern aus. BROTZEN bildet 1942 die schlechte Figur von REUSS ab und möchte sie zu seiner Gattung *Gavelinella* n. gen. stellen. Dieser Ansicht kann ich mich nicht anschließen, denn CUSHMAN bildet 1946 (Taf. 63, Fig. 10) einen Paratypus ab, der mit den mir vorliegenden Exemplaren gut übereinstimmt. Die interiomarginale Mündung setzt sich in den Nabel, der sehr stark ausgeprägt ist, fort, wo sie von einer gut entwickelten Lippe bedeckt wird. Die Lippen der Umbilicalmündung der jüngeren Kammern bilden einen ± deutlichen Kranz, der den Nabel umgibt. Infolge dieser Mündungsverhältnisse ist die Art vermutlich zur Gattung *Pseudovalvulineria* Brotzen zu stellen. Durchmesser bis 0,5 mm.

Hypotypoide Nr. 3163/15; 3218.

Anomalina praespissiformis Cushman & Bermudez
(Taf. IV, Fig. 11a, b)

1948 (*Anomalina praespissiformis* n. sp.) CUSHMAN & BERMUDEZ, S. 86, Taf. 15, Fig. 1—3.
1951 (*Anomalina praespissiformis*) CUSHMAN, S. 64, Taf. 22, Fig. 7—9.

Gehäuse gleichmäßig bikonvex, flach, dorsal alle Windungen sichtbar, ventral nur die letzte mit 11 bis 12 gleichmäßig an Größe zunehmenden Kammern. Die Suturen sind deutlich, im jüngeren Teil meist leicht vertieft. Mündung: ein Spalt an der Basis der letzten Kammer, mit einer undeutlichen Lippe. Die 0,3—0,6 mm Durchmesser erreichenden Exemplare stimmen mit den aus dem Paleozän der Golfküste beschriebenen gut überein.

Hypotypoide Nr. 3163/14; 3219.

Gavelinopsis cf. *bembix* (MARSSON)

1878 (*Discorbina bembix* n.) MARSSON, S. 167, Taf. 5, Fig. 37.
1941 (*Cibicides* bembix) MARIE, S. 248, Taf. 37, Fig. 350.
1946 (*Cibicides minismalis* n. sp.) SCHIJFSMA, S. 104, Taf. 7, Fig. 11.
1957a (*Gavelinopsis bembix*) HOFKER, S. 330, Fig. 383, 384.
1957a (*Gavelinopsis minismalis*) HOFKER, S. 330, Fig. 380—382.

Einige Gehäuse lassen sich am ehesten mit dieser Art vergleichen, doch ist der Erhaltungszustand zu schlecht, um etwas über den Feinbau der Schale aussagen zu können (Poren!).

Belegstücke Nr. 3220.

Gavelinopsis voltziana (D'ORBIGNY)

1840 (*Rotalina voltziana*) D'ORBIGNY, S. 31, Taf. 2, Fig. 32—34.
1940 (*Cibicides voltziana*) BROTZEN, S. 24, Taf. 7, Fig. 3.
1946 (*Cibicides voltziana*) SCHIJFSMA, S. 102, Taf. 5, Fig. 6.
1957a (*Gavelinopsis voltziana*) HOFKER, S. 336, Fig. 387, 388.

Zu dieser Art rechne ich drei bis zu 1 mm Durchmesser erreichende Gehäuse, die mit der Beschreibung von HOFKER gut übereinstimmen.
Belegstücke Nr. 3221.

Osangularia plummerae Brotzen
(Taf. IV, Fig. 5a, b)

1926 (*Truncatulina culter* [non Parker & Jones]) PLUMMER, S. 147, Taf. 10, Fig. 1; Taf. 15, Fig. 2.
1940 (*Osangularia plummerae* n. nom.) BROTZEN, S. 30.
1941 (*Parella expansa* n. sp.) TOULMIN, S. 604, Textfig. 4f, g.
1951 (*Parella expansa*) CUSHMAN, S. 53, Taf. 16, Fig. 11, 12.
1956 (*Osangularia expansa*) SAID & KENAWY, S. 152, Taf. 6, Fig. 11.

Gehäuse eng eingerollt, rechts- oder linksgewunden, trochoid, im Umriß mehr oder weniger kreisförmig. Ventral deutlich konvex, dorsal flach, mit etwas erhabenen Anfangswindungen. Die Peripherie ist scharf und trägt einen deutlichen, zarten Kiel. Dorsal sind alle Umgänge sichtbar, ventral nur der aus acht bis zehn gleichmäßig an Größe zunehmenden Kammern bestehende letzte. Suturen dorsal breit, schräg nach hinten gebogen; ventral radiär und meist leicht vertieft. Die Ventralsuturen gehen von einem kleinen Nabelpropf aus und sind nahe der Verbindung mit dem Kiel schwach nach rückwärts gekrümmt. Die Mündung besteht aus zwei Teilen, und zwar aus einem Spalt, der nahe der Peripherie an der Basis der letzten Kammer entspringt und schräg über die Aperturfläche zieht sowie aus einem sehr engen Schlitz an der Basis der Aperturfläche, der sich bis zur Nabelgegend erstreckt. Durchmesser meist etwa 0,5 mm.

FINLAY stellte 1939 die Gattung *Parella* auf. Da dieser Name jedoch schon 1938 von GINSBURG für ein Fischgenus verwendet worden war, wurde der von BROTZEN 1940 aufgestellte Name *Osangularia* wiedereingeführt. (Vgl. THALMAN & GRAHAM, 1952, Cushm. Found. Res., Contr., *3*, S. 31, 32.)
Hypotypoide Nr. 3163/1; 3222.

Siphonina (Pulsiphonina) prima (PLUMMER)
(Taf. VI, Fig. 11a, b)

1926 (*Siphonina prima* n. sp.) PLUMMER, S. 148, Taf. 12, Fig. 4.
1936 (*Siphonina prima*) JENNINGS, S. 33, Taf. 4, Fig. 3.
1948 (*Siphonina [Pulsiphonina] prima*) BROTZEN, S. 106.
1951 (*Siphonina prima*) CUSHMAN, S. 55, Taf. 15, Fig. 7—9.
1958 (*Pulsiphonina prima*) HOFKER, S. 42, Fig. 3, 4.

Gehäuse sehr klein (größter Durchmesser 0,25 mm), fast kreisrund, ungefähr gleichmäßig bikonvex, dabei aber stark abgeflacht. Der Rand ist winkelig, scharf und weist eine schwache Zähnelung auf. Dorsal alle Windungen sichtbar, ventral nur die letzte mit meist 5 (seltener 6) Kammern. Suturen dorsal schräg, nicht vertieft, durch den mehr oder weniger deutlich gezähnelten Rand der Kammern angedeutet; ventral leicht vertieft und gebogen. Die Öffnung ist eng-elliptisch, ventral an der Peripherie gelegen, ohne Hals.

Diese aus dem Midway beschriebene Art liegt im Material von Haidhof in typischen Exemplaren vor.

Hypotypoide Nr. 3163/32; 3223.

Coleites reticulosus Plummer
(Taf. V, Fig. 6)

1926 (*Pulvinulina reticulosa* n. sp.) PLUMMER, S. 152, Taf. 12, Fig. 5.
1934 (*Coleites reticulosus*) PLUMMER, S. 606, Taf. 24, Fig. 5—9.
1937 (*Coleites reticulosus*) GLAESSNER, S. 354.
1948 (*Coleites reticulosus*) BROTZEN, S. 109, Taf. 8, Fig. 1; Textfig. 29—33.
1951 (*Coleites reticulosus*) CUSHMAN, S. 54, Taf. 15, Fig. 1—5.
1956c (*Coleites reticulosus*) HOFKER, S. 75, Textfig. 1—8.

Von dieser äußerst charakteristischen Art liegen leider keine vollständigen Exemplare vor, dennoch läßt sich die artliche Zugehörigkeit an Hand der charakteristischen, netzartigen Skulptur eindeutig feststellen.

Diese erstmals aus dem Midway beschriebene Form wird von BROTZEN u. a. aus dem Danien und Paleozän angegeben. *Coleites reticulosus* ist in Nordamerika, Europa und Afrika vom Danien bis ins unterste Eozän bekannt.

Hypotypoide Nr. 3163/2; 3224.

Zu: M. E. Schmid. Die Foraminiferenfauna usw. Tafel V

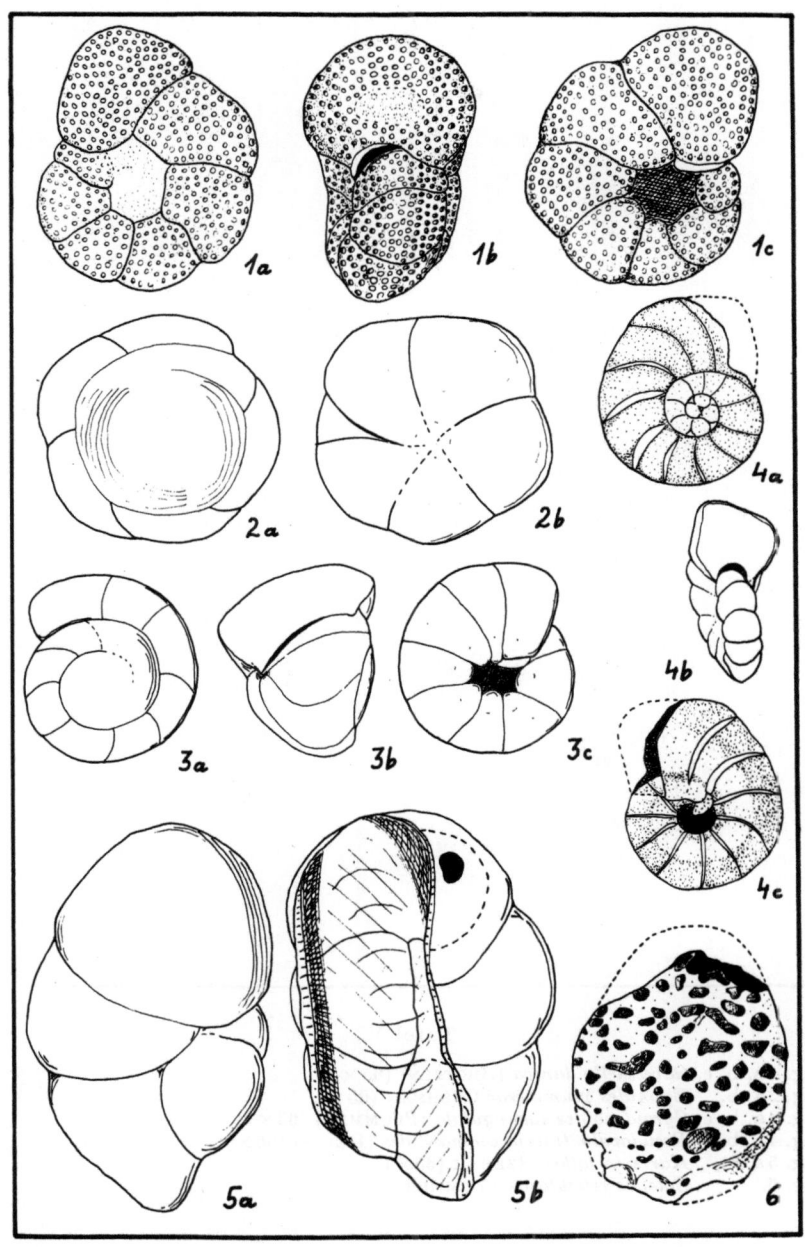

Tafel V

Fig. 1a, b, c. *Gavelinella danica* (BROTZEN) (65×).
Fig. 2a, b.   *Eponides plummerae* CUSHMAN (65×).
Fig. 3a, b, c. *Gyroidinoides subangulata* (PLUMMER) (65×).
Fig. 4a, b, c. *Pseudovalvulineria ammonoides* (REUSS) (65×).
Fig. 5a, b.   *Karreria fallax* RZEHAK (65×).
Fig. 6.   *Coleites reticulosus* PLUMMER (65×).

Karreria fallax Rzehak
(Taf. V, Fig. 5a, b)

1891 (*Karreria fallax* m.) RZEHAK, Ann. k. k. Naturhist. Hofmus., 6, S. 6.
1895 (*Karreria fallax* m.) RZEHAK, S. 226, Taf. 7, Fig. 7, 8.
1948 (*Karreria fallax*) BROTZEN, S. 114, Taf. 18, Fig. 4; Textfig. 34—37.
1957b (*Karreria fallax*) HOFKER, S. 98, Textfig. 1, 2.

Von dieser Art liegt nur ein Exemplar vor, welches das einzeilige Stadium noch nicht erreicht hat, wohl aber die Tendenz dazu erkennen läßt.

Die Erstbeschreibung von *Karreria fallax* basiert auf Material von heute nicht mehr aufgeschlossenen Schichten bei Bruderndorf, die RZEHAK (1891) als „unterbartonisch", GLAESSNER (1936) jedoch als oberkretazisch einstufte; BROTZEN (1948) stellt sie ins Danien.

Hypotypoid Nr. 3163/17.

Familie Globigerinidae

BOLLI (1957) rechnet die Arten *Globigerina compressa* Plummer, *G. pseudobulloides* Plummer und ‚*Globorotalia*' *trinidadensis* n. sp. „because of the interiomarginal, extraumbilical—umbilical position of the aperture" (S. 73) zur Gattung *Globorotalia*. Diese in der amerikanischen Literatur weitverbreitete Ansicht wird u. a. auch von LOEBLICH & TAPPAN (1957b) vertreten. TROELSEN (1957) und HOFKER (1958, 1959, 1960c) jedoch sind der Meinung, daß diese Formen zu *Globigerina* zu stellen sind.

Die Gattungsdiagnose von *Globorotalia* Cushman lautet (1955, S. 30): „Test trochoid, ... bikonvex, dorsal side more or less flattened, ventral side strongly convex ... aperture large, opening into the umbilicus which is either open or partially covered by a lip." Weiters führt er an: „This genus is directly derived from Globotruncana by the suppression of one of the keels." Daraus geht hervor, daß es sich bei *Globorotalia* um Formen mit stark konvexer Ventralseite und einem Kiel (der nach HOFKER 1956b, S. 371ff., porenlos ist) handelt.

Da die angeführten Arten also schon rein habitusmäßig keine *Globorotalien* sind, außerdem aber nicht einmal Spuren eines Kieles erkennen lassen, schließe ich mich der Meinung von TROELSEN und HOFKER an und betrachte sie als echte Globigerinen.

Globigerina daubjergensis Brönnimann
(Taf. VI, Fig. 4a—c)

1952 (*Globigerina daubjergensis* n. sp.) BRÖNNIMANN, S. 340, Textfig. 1.
1957 (*Globigerina daubjergensis*) TROELSEN, S. 128, Taf. 30, Fig. 1, 2 (?).
1957 (*Globigerinoides daubjergensis*) LOEBLICH & TAPPAN, S. 184, Taf. 40, Fig. 1, 8; Taf. 41, Fig. 9; Taf. 42, Fig. 6, 7; Taf. 43, Fig. 1; Taf. 44, Fig. 7, 8.
1960a (*Globigerina daubjergensis*) HOFKER, S. 34, Taf. 3.
1960b (*Globigerina daubjergensis primitiva* n. subsp.?) HOFKER, S. 226, Textfig. 25; S. 228, Textfig. 34.
1960c (*Globigerina daubjergensis*) HOFKER, S. 119, Taf. 1, Fig. 1—8.

Sehr kleine Gehäuse, Durchmesser meist um 0,15 mm. Der letzte Umgang, der den dominierenden Anteil des Gehäuses bildet, besteht aus vier kugeligen, gleichmäßig an Größe zunehmenden Kammern, die durch sehr tief eingeschnittene Suturen getrennt werden, so daß der Umriß deutlich gelappt erscheint. Die Suturen zwischen den älteren Kammern hingegen sind kaum zu erkennen. Die Öffnung geht in den Nabel und ist beinahe kreisförmig. Die Gehäuseoberfläche ist von zahlreichen, feinen Stacheln bedeckt.

Die Art wurde erstmals aus dem Danien von Faxe (Dänemark) beschrieben und wird von LOEBLICH & TAPPAN (1957) aus dem Midway von Texas und Alabama angegeben; die gleichen Autoren bilden auch Exemplare mit deutlichen Suturmündungen ab. Da aber am Material von Haidhof auch bei stärksten Vergrößerungen keine solchen beobachtet werden konnten, belasse ich die Art im Genus *Globigerina*.

Hypotypoide Nr. 3163/34; 3225.

Globigerina (Subbotina) triloculinoides Plummer
(Taf. VI, Fig. 3a—c)

1926 (*Globigerina triloculinoides* n. sp.) PLUMMER, S. 134, Taf. 8, Fig. 10.
1928 (*Globigerina pseudotriloba* n. sp.) WHITE, S. 194, Taf. 27, Fig. 17.
1937a (*Globigerina triloculinoides*) GLAESSNER, S. 382, Taf. 4, Fig. 33.
1951 (*Globigerina triloculinoides*) CUSHMAN, S. 60, Taf. 17, Fig. 10, 11.
1953 (*Globigerina triloculinoides*) SUBBOTINA, S. 82, Taf. 11, Fig. 15; Taf. 12, Fig. 1, 2.

1956 (*Globigerina pseudotriloba*) SAID & KENAWY, S. 157, Taf. 7, Fig. 25.
1957 (*Globigerina triloculinoides*) BOLLI, S. 70, Taf. 15, Fig. 18—20; non Taf. 17, Fig. 25, 26.
1957 (*Globigerina triloculinoides*) TROELSEN, S. 129, Taf. 30, Fig. 4.
1957 (*Globigerina triloculinoides*) LOEBLICH & TAPPAN, S. 183, Taf. 40, Fig. 4; Taf. 41, Fig. 2; Taf. 42, Fig. 2; Taf. 43, Fig. 5, 8, 9; Taf. 45, Fig. 3; Taf. 46, Fig. 1; Taf. 47, Fig. 2; Taf. 52, Fig. 3—7; Taf. 56, Fig. 8; Taf. 62, Fig. 3, 4.
1960c (*Globigerina triloculinoides*) HOFKER, S. 120, Taf. 2, Fig. 1—6.
1961 (*Subbotina triloculinoides*) BROTZEN & POŻARYSKA, S. 160, Taf. 4, Fig. 4.

Gehäuse trochoid, aus zwei Windungen aufgebaut, wobei die letzte von $3^1/_2$ sehr stark an Größe zunehmenden, kugeligen Kammern gebildet wird. Der Umriß ist gelappt; die Oberfläche grob geport. Die Mündung besteht aus einem schmalen Schlitz an der Basis der letzten Kammer und besitzt eine deutliche Lippe. Die eine Größe von 0,3 mm erreichenden Gehäuse können sowohl rechts- als auch linksgewunden sein.

BROTZEN & POŻARYSKA 1961, S. 160, stellen auf Grund genauer Untersuchungen über die Wandstruktur von *Globigerina triloculinoides* Plummer für die Globigerinen mit „retikulärer Oberfläche" das Genus *Subbotina* auf (Generotyp: *Globigerina triloculincides* Plummer). „Toute l'image montre une espece typique de Globigerina à surface réticulée qui, à notre point de vue, s'oppose à la Globigerina s. str. et doit être traitée comme une *Subbotina* n. gen." Meines Erachtens würde es jedoch genügen, die retikulären Formen von denen der *Globigerina* s. str. lediglich subgenerisch abzutrennen, um die zweifellos sehr nahe Verwandtschaft auch nomenklatorisch zum Ausdruck zu bringen.

Diese und die zwei folgenden Arten wurden von PLUMMER aus der Midway-Formation beschrieben. *G. triloculinoides* ist vom Danien bis zum Eozän nachgewiesen.

Hypotypoide Nr. 3163/35; 3226.

Globigerina compressa Plummer
(Taf. VI, Fig. 6a—c)

1926 (*Globigerina compressa* n. sp.) PLUMMER, S. 135, Taf. 8, Fig. 11.
1937a (*Globigerina compressa*) GLAESSNER, S. 382, Taf. 4, Fig. 31.
1948 (*Globigerina compressa*) BROTZEN, S. 90.
1951 (*Globigerina compressa*) CUSHMAN, S. 60, Taf. 17, Fig. 9.
1952 (*Globorotalia compressa*) BRÖNNIMANN, S. 341.

1953 (*Globigerina compressa* var. *compressa*) SUBBOTINA, S. 56, Taf. 2, Fig. 2.
1957 (*Globorotalia compressa*) BOLLI, S. 77, Taf. 20, Fig. 21—23.
1957 (*Globigerina compressa*) TROELSEN, S. 129, Taf. 30, Fig. 5.
1957 (*Globorotalia compressa*) LOEBLICH & TAPPAN, S. 188, Taf. 40, Fig. 5; Taf. 41, Fig. 5; Taf. 42, Fig. 5; Taf. 44, Fig. 9, 10.
1958 (*Globigerina compressa*) HOFKER, S. 42, Fig. 1, 2.

Gehäuse aus zwei Windungen aufgebaut, in der letzten mit 5 seitlich zusammengepreßten, gleichmäßig an Größe zunehmenden Kammern. Die Gehäusewand ist sehr zart und fein perforiert. Die Suturen sind deutlich vertieft, auf der Ventralseite radiär angeordnet. Die Mündung ist ein leicht gebogener, von einer zarten Lippe bedeckter Spalt, der sich bis in den seichten Nabel fortsetzt. Die Kammern zeigen in der Frontalansicht einen deutlich gewinkelten, stumpfen Scheitel, ohne jedoch einen richtigen Kiel auszubilden, wie dies bei der Gattung *Globorotalia* Cushman der Fall ist. Durchmesser meist um 0,3 mm.

Hypotypoide Nr. 3163/38; 3227.

Globigerina pseudobulloides Plummer
(Taf. VI, Fig. 1a—c, 2)

1926 (*Globigerina pseudobulloides* n. sp.) PLUMMER, S. 133, Taf. 8, Fig. 9.
?1928 (*Globigerina cretacea* [non d'Orbigny]) WHITE, S. 193, Taf. 27, Fig. 15.
1937a (*Globigerina pseudobulloides*) GLAESSNER, S. 382, Taf. 4, Fig. 31.
1948 (*Globigerina pseudobulloides*) BROTZEN, S. 90.
1951 (*Globigerina pseudobulloides*) CUSHMAN, S. 60, Taf. 17, Fig. 7, 8.
1953 (*Globigerina compressa* var. *pseudobulloides*) SUBBOTINA, S. 57, Taf. 2, Fig. 7—14.
1957 (*Globorotalia pseudobulloides*) BOLLI, S. 73, Taf. 17, Fig. 19—21.
1957 (*Globigerina pseudobulloides*) TROELSEN, S. 128, Taf. 30, Fig. 6—8.
1957 (*Globorotalia pseudobulloides*) LOEBLICH & TAPPAN, S. 192, Taf. 40, Fig. 3, 9; Taf. 41, Fig. 1; Taf. 42, Fig. 3; Taf. 43, Fig. 3, 4; Taf. 44, Fig. 4—6; Taf. 45, Fig. 1, 2; Taf. 46, Fig. 6.
1959 (*Globigerina pseudobulloides*) HOFKER, S. 80, Textfig. 1—5.
1960c (*Globigerina pseudobulloides*) HOFKER, S. 120, Taf. 3, Fig. 1—4.
1960 (*Globorotalia pseudobulloides*) BOLLI & CITA, S. 152.
1960 (*Globorotalia pseudobulloides*) BERGGREN, S. 190.

Zu: M. E. Schmid, Die Foraminiferenfauna usw. Tafel VI

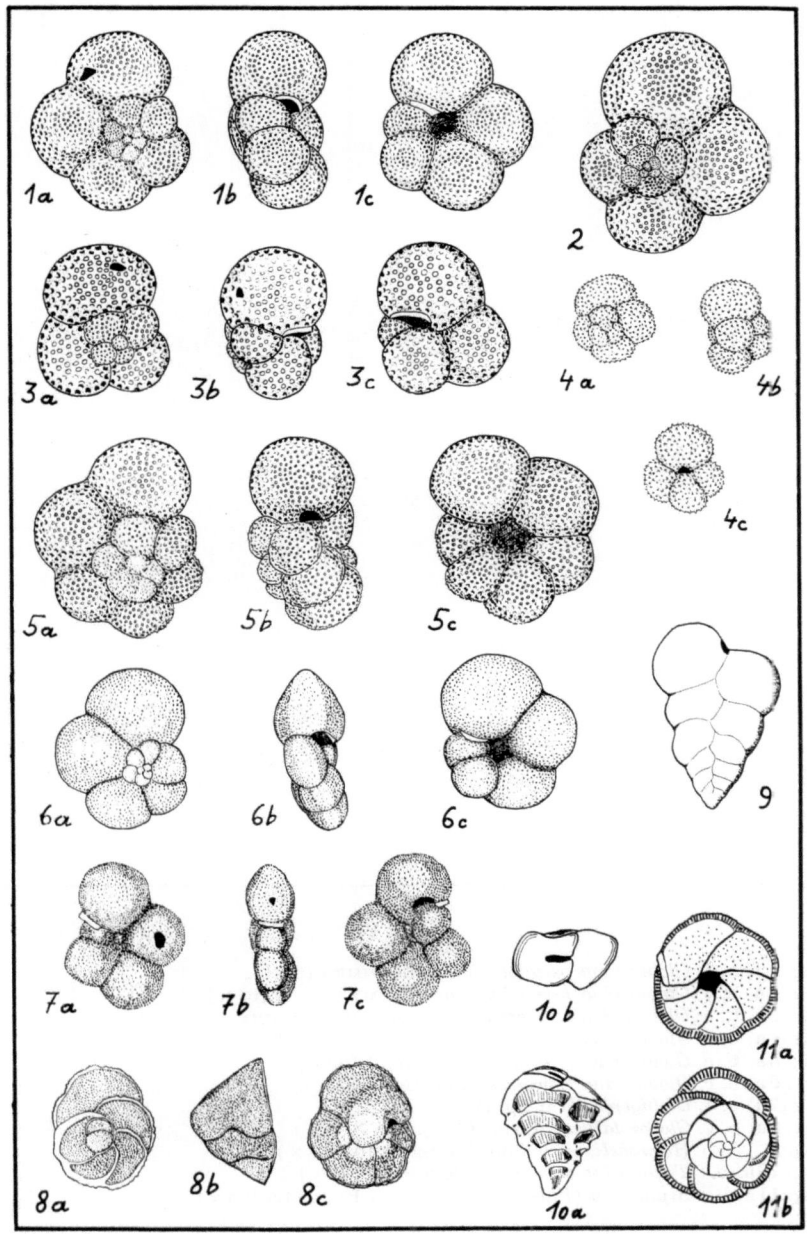

Tafel VI

Fig. 1 a, b, c. *Globigerina pseudobulloides* PLUMMER (65×).
Fig. 2 a, b, c. *Globigerina pseudobulloides* PLUMMER var. (65×).
Fig. 3 a, b, c. *Globigerina (Subbotina) triloculinoides* PLUMMER (65×).
Fig. 4 a, b, c. *Globigerina daubjergensis* BRÖNNIMANN (65×).
Fig. 5 a, b, c. *Globigerina trinidadensis* (BOLLI) (65×).
Fig. 6 a, b, c. *Globigerina compressa* PLUMMER (65×).
Fig. 7 a, b, c. *Globigerinella* n. sp. (65×).
Fig. 8 a, b, c. *Globorotalites?* n. sp. (65×).
Fig. 9. *Heterohelix globulosa* (EHRENBERG) (65×).
Fig. 10 a, b. *Tappanina selmensis* (CUSHMAN) (65×).
Fig. 11 a, b. *Siphonina (Pulsiphonina) prima* PLUMMER (65×).

Gehäuse aus 2 bis 2¹/₂ Windungen zusammengesetzt, in der letzten bei der typischen Form mit 5 bauchigen, deutlich an Größe zunehmenden Kammern. Umriß dadurch deutlich gelappt; Schale dünn und deutlich geport. Dorsalseite eben oder nur schwach konvex, Nabelseite leicht eingetieft. Mündung an der Basis der letzten Kammer, halbmondförmig, bis zum Nabel reichend und von einer zarten Lippe bedeckt. Größter Gehäusedurchmesser bis zu 0,35 mm.

Häufig findet sich auch eine vierkammerige Varietät dieser Art (Taf. VI, Fig. 2), die ich auch in Typmaterial aus dem Midway beobachten konnte. Möglicherweise gehört ein Teil der von SUBBOTINA 1953 aus dem Kaukasus beschriebenen und abgebildeten Exemplare von *Globigerina varianta* n. sp. ebenfalls zu dieser Varietät.

Hypotypoide Nr. 3163/36; 3228.

Globigerina trinidadensis (BOLLI)
(Taf. VI, Fig. 5a—c)

1957 (*Globorotalia trinidadensis* n. sp.) BOLLI, S. 73, Taf. 16, Fig. 19—23.
1960 (*Globorotalia trinidadensis*) BOLLI & CITA, S. 152.

Gehäuse aus 2 bis 2¹/₂ Windungen aufgebaut, in der letzten mit 6 Kammern, die gleichmäßig an Größe zunehmen. Nabelseite leicht eingetieft, Dorsalseite schwach konvex. Die Mündung ist bogenförmig, niedrig, von einer sehr zarten Lippe bedeckt.

G. trinidadensis unterscheidet sich von *G. pseudobulloides* durch die größere Anzahl der in der letzten Windung auftretenden Kammern, die auch etwas weniger an Größe zunehmen, sowie den i. A. größeren Durchmesser (bis zu 0,45 mm). Die Wände der älteren Kammern sind teilweise mit feinen Warzen bedeckt.

Der Typus der Art stammt aus einer Bohrung auf Trinidad, und zwar aus Schichten, die auch *G. daubjergensis* führen.

Hypotypoide Nr. 3163/37; 3229.

Globigerinella n. sp.
(Taf. VI, Fig. 7a—c)

Im Material von Haidhof fand sich auch ein Exemplar einer *Globigerinella*, die mit keiner der bisher bekannten Arten übereinstimmt. Es handelt sich dabei um ein symmetrisches Gehäuse mit 5 sichtbaren, stark an Größe zunehmenden Kammern, die deutliche,

zarte Stacheln tragen und stark seitlich zusammengedrückt sind, ohne jedoch einen Kiel aufzuweisen. Die Mündung ist von einer deutlichen Lippe bedeckt, beginnt dorsal und erstreckt sich bis auf die Ventralseite. Die Suturen sind radiär angeordnet und sehr tief eingeschnitten, so daß der Umriß sehr stark lappig erscheint. Maße: Länge 0,28 mm; Breite 0,23 mm; Dicke 0,08 mm. Da nur ein Exemplar gefunden werden konnte, wurde von der Aufstellung einer neuen Art Abstand genommen.
Belegstück Nr. 3163/39.

Globorotalites ? n. sp.

(Taf. VI, Fig. 8a—c)

Gehäuse aus etwa 2 Windungen aufgebaut, dorsal eben, alle Kammern sichtbar, ventral sehr stark konvex, nur die 4 bis 5 Kammern des letzten Umganges sichtbar. Kein Nabel. Suturen dorsal leicht gebogen, eben, ventral radiär, leicht eingesenkt. Die Mündung ist halbkreisförmig bis elliptisch und liegt in der Basismitte der Aperturfläche der letzten Kammer. Maße: Länge bis 0,35 mm, Breite bis 0,30 mm, Höhe bis zu 0,20 mm. Die Kammerwände sind rauh, gekörnelt, die Peripherie scharf, oft leicht gezähnt.
Belegstücke Nr. 3163/40, 3230.

Neben diesen Formen finden sich noch vereinzelt unbestimmbare Miliolidae sowie Cornuspiren, die aber nicht zu „*Cornuspira cretacea* (REUSS)" gehören, da es sich um Kalkschaler handelt (Lösung in verdünnter HCl). „*Cornuspira cretacea*" hingegen ist, wie neuerdings A. TOLLMANN (1960, S. 148) am Originalmaterial von REUSS nachweisen konnte, ein Sandschaler; daher ist sie zur Gattung *Spirillina* Ehrenberg 1843 (syn. *Ammodiscus* Reuss 1861) zu stellen.

4. Die Ostracodenfauna

(Von Dr. K. KOLLMANN)

Die nicht sehr individuenreiche Fauna ließ sich in den meisten Fällen nur bis auf die Gattung bestimmen. Sie dürfte mindestens 19 Arten aufweisen.

In ökologischer Hinsicht handelt es sich durchwegs um marine Gattungen. Die Faunenvergesellschaftung spricht für nicht allzu tiefes Wasser.

In stratigraphischer Hinsicht können vorläufig aus der Ostracodenfauna keine Schlüsse gezogen werden; dennoch verdient sie im Interesse einer vollständigen Erfassung der Faunengemeinschaft festgehalten zu werden:

1. 7 *Cytherella* sp.
2. 3 *Cytherelloidea* sp.
3. 6 *Bairdia* sp.
4. 31 *Macrocyprina* ? sp.
5. 3 *Paracypria* ? sp.
6. 1 *Eucythere* sp.
7. 4 *Hermanites* sp.
8. 1 *Cythereis* ? sp.
9. 11 *Cythereis* ex gr. *filicosta* (MARSSON) — sehr ähnlich *Cythereis rotundatis* Mandelst. (Maastricht)
10. 3 *Cytherinarum* gen. et sp. indet.
11. 10 „*Puriana*" aff. *canaliculata* Apostolescu
12. 1 *Cytherura* sp.
13. 2 *Eucytherura* sp.
14. 2 *Eucytherura* sp.
15. 1 *Eucytherura* ? sp.
16. 6 *Krausella* ? sp. (oder *Cardobairdia* ? sp.)
17. 1 *Paracytheridea* aff. *grignonensis* Keij
18. 1 *Paracytheridea* sp.
19. 3 *Ostracoda* indet.

5. Nannofossilien

(Von Dr. R. STRADNER)

Die Nannofossilflora des Bruderndorfer Feinsandes besteht hauptsächlich aus folgenden Arten:

Coccolithus pelagicus (WALLISCH) Schiller
Heliorthus tenuis Stradner
Zygolithus concinnus Martini
Braarudosphaera bigelowi (GRAN & BRAARUD) Deflandre
Micrantholithus inaequalis Martini
Thoracosphaera saxea Stradner

Die Arten *Heliorthus tenuis* Stradner und *Thoracosphaera saxea* Stradner wurden bereits aus dem Bruderndorfer Feinsand beschrieben (STRADNER 1961, Erdöl Z., S. 84, Abb. 64, 65; 71). Die Faunenvergesellschaftung entspricht der des Danien von Stevns Klint (Seeland).

6. Bryozoa

(Von Prof. Dr. O. KÜHN)

Infolge des schlechten Erhaltungszustandes der sehr stark kalzifizierten Bryozoenreste konnten nur zwei Arten mit Sicherheit bestimmt werden, und zwar:

Spiropora verticillata (GOLDF.)
Beisselina grandissima Kühn

7. Anthozoa

(Von Prof. Dr. O. KÜHN)

Caryosmilia abeli Kühn

Ein Exemplar von 8 mm Durchmesser. Polypar vom Arttypus etwas abweichend, da leicht hornförmig gekrümmt, was aber nur eine Wachstumserscheinung infolge Fixierung auf einem Sandkorn darstellt. 48 Septen (wie in der Originalbeschreibung 1930). Pseudocolumella nicht bis zur Oberfläche reichend, also Annäherung an *C. granosa* Wanner.

8. Stratigraphische und ökologische Auswertung

Der Bruderndorfer Feinsand führt eine Foraminiferenfauna, die zu 37,5% aus benthonischen und zu 62,5% aus planktonischen Formen besteht. Der prozentuelle Anteil der einzelnen Gattungen an der Gesamtfauna wurde durch Auszählung von etwa 1500 Exemplaren, d. h. 12 Schüttungen auf einer Ausleseschale mit den Maßen 5 × 7 cm, ermittelt und ist aus den folgenden Tabellen ersichtlich:

Benthos (37,5%):

Allomorphina	0,87%	Neoflabellina	1 Ex.
Ammodiscoides + Cornuspira	0,27%	Nodosarella	1 Ex.
Angulogerina	1,54%	Nodosaria	0,74%
Anomalina + Pseudovalvulineria	3,30%	Nonionella	0,27%
		Palmula	1 Ex.
Bulimina	0,13%	Parella	1,01%
Bullopora	0,27%	Patellina	0,94%
Clavulinoides	0,40%	Pleurostomella	1 Ex.
Coleites	1 Ex.	Pseudoglandulina	0,47%
Dentalina	0,20%	Pullenia	0,13%
Dorothia	0,41%	Ramulina	0,13%
Frondicularia	1 Ex.	Robulus	3,62%
Gaudryiana	0,34%	Siphonina	0,80%
Gavelinella	11,06%	Spiroplectammina	0,20%
Gavelinopsis	2,55%	Stilostomella	2,35%
Globorotalites ?	0,27%	Tappanina	1 Ex.
Guttulina	0,34%	Textularia	1 Ex.
Gyroidinoides	2,21%	Tritaxia	0,20%
Karreria	1 Ex.	Vaginulinopsis	0,27%
Lagena + Lagenodosaria	1,34%	10 Einzelexemplare (laut Liste)	0,67%
Loxostomum	1 Ex.		
Marssonella	0,20%		**37,50%**

Die benthonische Fauna umfaßt sowohl kretazische als auch paleozäne Elemente. Auf ihre stratigraphische Auswertung wurde jedoch verzichtet, da sich bei den einzelnen Autoren oft verschiedenste Ansichten in bezug auf die Allochthonie bzw. Autochthonie dieser Formen finden und auch die Artfassung sehr unterschiedlich gehandhabt wird. Dieser Verzicht erscheint um so eher gerechtfertigt, als die Einstufung mit Hilfe der reichen Planktonfauna eindeutig vorgenommen werden konnte, wie im folgenden zu zeigen sein wird.

Plankton (62,5%):

Heterohelix globulosa (EHRENB.)	0,20%
Globigerina	62,30%
	62,50%

In Spalte A ist der prozentuelle Anteil der Arten in bezug auf die Gesamtfauna dargestellt; Spalte B zeigt die Verteilung der einzelnen Arten innerhalb der Gattung *Globigerina*:

	A	B
Globigerina compressa Pl.	1,34%	2,15%
Globigerina daubjergensis Brönn.	4,02%	6,45%
Globigerina pseudobulloides Pl.	11,11%	17,83%
Globigerina triloculinoides Pl.	44,89%	72,05%
Globigerina trinidadensis (BOLLI)	0,94%	1,51%
	62,30%	**99,99%**

Stratigraphische Verbreitung der einzelnen Globigerinenarten:

	Maastricht	Dan	Paleozän s. str.	Eozän
Globigerina compressa			▬▬▬▬▬	▬▬▬▬
Globigerina daubjergensis		▬▬▬		
Globigerina pseudobulloides		▬▬▬	▬▬▬▬▬	▬▬▬▬
Globigerina triloculinoides			▬▬▬▬▬	▬▬▬▬
Globigerina trinidadensis		▬▬▬		

Im Grenzbereiche Kreide-Tertiär läßt sich in der Tethys ein weltweit verbreiteter Globigerinenhorizont verfolgen. Zu den aus dem Boreal — in dem die Typlokalitäten der Dänischen Stufe Stevens Klint und Faxe liegen (vgl. TROELSEN 1957, BERGGREN 1960) — bekannten Arten *G. daubjergensis, G. compressa, G. pseudobulluoides* und *G. triloeuinoides* tritt hier noch die scheinbar etwas anspruchsvollere *G. trinidadensis*. Die gleiche Globigerinenvergesellschaftung, die der Bruderndorfer Feinsand aufweist, findet sich auch in der Kincaid- und Wills Point-Formation von Texas, in der Pine Baren- und McBride-Formation des unteren Anteils der Midway-Gruppe von Alabama und in der Brightseat-Formation von Maryland/Virginia (LOEBLICH & TAPPAN 1957); ferner im untersten Anteil der Velasco-Formation von Mexico (HAY 1960); in der „*Globorotalia trinidadensis*"-Zone der Lower Lizard Springs (Trinidad, BOLLI 1957) sowie bei Paderno d'Adda (Norditalien, BOLLI & CITA 1960); im Becken von Reichenhall und Salzburg (v. HILLEBRANDT, Diss. München 1960). Wie mir Doktor K. GOHRBANDT liebenswürdigerweise mitteilte, findet sich diese Vergesellschaftung auch in dem von ihm derzeit bearbeiteten Profil des Kroisbachgrabens am Haunsberg N Salzburg.

Alle diese Vorkommen und somit auch der Bruderndorfer Feinsand werden daher in irgend einer Form mit dem Danien zu parallelisieren sein. Eine genaue Abgrenzung des Danien stößt allerdings noch auf Schwierigkeiten, da in Dänemark sowohl an der Grenze zum Maastricht als an der Grenze zum Paleozän sowie auch innerhalb der Dänischen Stufe mehrfach Schichtlücken auftreten (vgl. TROELSEN 1957). Die Profile im Bereich der Tethys scheinen hingegen weitaus vollständiger zu sein.

Die Frage, ob das Danien noch zum Mesozoikum oder bereits zum Tertiär zu rechnen sei, steht in letzter Zeit wieder im Brennpunkt allgemeinen Interesses. Darauf einzugehen, würde aber den Rahmen der vorliegenden Arbeit weit überschreiten; eine endgültige Klärung wird wohl erst nach einer eingehenden Bearbeitung sämtlicher Tiergruppen möglich sein.

Ökologische Ergebnisse

Aus dem Verhältnis Plankton — Benthos 62,5:37,5% läßt sich auf eine Ablagerungstiefe im Bereich zwischen etwa 100 bis 200 m Tiefe schließen (vgl. GRIMSDALE & MORKHOVEN 1955). Die reiche Planktonfauna sowie die Ostracodenvergesellschaftung deuten auf vollmarines Wasser (nach der Gliederung von HILTERMANN 1949 mit einem Gesamtsalzgehalt von 30—35$^0/_{00}$. Da einerseits keine stark spezialisierten Planktonformen auftreten, andererseits aber in den rezenten Meeren stark gerunzelte, kleinwüchsige Globigerinen, die sich mit *G. daubjergensis* vergleichen lassen, auf den circumpolaren Bereich beschränkt sind, kann man annehmen, daß der Bruderndorfer Feinsand in einem kühleren Meer zur Ablagerung gekommen ist.

9. Zusammenfassung

In der vorliegenden Arbeit wurde die Mikrofauna des Bruderndorfer Feinsandes beschrieben. Neben der generischen Bestimmung einiger Ostracoden (K. KOLLMANN) konnten 6 Arten von Nannofossilien (H. STRADNER) sowie 70 Foraminiferenarten (52 spezifisch bestimmt, 10 cf. bzw. aff. und 8 sp.) nachgewiesen werden. Auf Grund der Planktonfauna konnte das neue Schichtglied in das Danien eingestuft werden. Die Ablagerung dürfte in einer Tiefe von 100 bis 200 m erfolgt sein, und zwar in einem kühleren Meer mit einem Gesamtsalzgehalt von 30—35$^0/_{00}$.

Résumé

Dans le travail présent, la micro-faune du Bruderndorfer Feinsand est décrite. Outre la détermination générique de quelques Ostracodes (K. KOLLMANN), 6 espèces de Nannofossiles (H. STRADNER) et 70 espèces de foraminifères (52 déterminées spécifiquement, 10 cf. relativement aff. et 8 sp.) pouvaient être démontrées. À cause de la faune planctonique, le nouveau-trouvé Bruderndorfer Feinsand pouvait être rangé dans le Danien. Le gisement pourrait être arrivé dans une profondeur de 100 à 200 mètres, et cela dans une mer plus fraîche, d'une salinité de 30 à 35$^0/_{00}$.

Abstract

In the present paper, the micro-fauna of the Bruderndorfer Feinsand is described. Besides the generical determination of some Ostracodes (K. KOLLMANN), 6 species of Nannofossils

(H. STRADNER) as well as 70 species of foraminifera (52 specifically determinated, 10 cf. relatively aff. and 8 sp.) could be authenticated. Because of the Planctonic fauna, the new discovered Bruderndorfer Feinsand is of Danian age; it was deposited in a depth of 100 to 200 metres, and that in a sea more cold, of a salinity of 30 to 35^0/$_{00}$.

10. Literatur

BACHMAYER, F., 1960a: Das Mesozoikum der niederösterreichischen Klippen (Waschbergzone). — Ann. Inst. Geol. Publ. Hung., *49*, S. 299—304. Budapest.
— 1960b: Bericht über Aufsammlungs- und Kartierungsergebnisse. Die Bruderndorfer Schichten (Danien) der Waschbergzone auf den Blättern Stockerau und Mistelbach. — Verh. Geol. B. A., *103*, S. A 118—A 119. Wien.
BANDY, O. L., 1957: Upper Cretaceous Foraminifera from the Carlsbad area, San Diego County, California. — J. Paleontol., *25*, S. 488—513, Taf. 72—75. Tulsa.
BERGGREN, W. A., 1960: Biostratigraphy, Planktonic Foraminifera and the Cretaceous-Tertiary Boundary in Denmark and Southern Sweden. — Rep. XXI. Int. Geol. Congr., P *V*, S. 181—192. Kopenhagen.
BETTENSTAEDT, F. & WICHER, C. A., 1955: Stratigraphic correlation of Upper Cretaceous and Lower Cretaceous in the Tethys and Boreal by the aid of microfossils. — Proc. 4. Wld. Petrol. Congr., Sect. I/D, Repr. 5, S. 493—516, Taf. 1—5. Rom.
BOLLI, H., 1957: The genera Globigerina and Globorotalia in the Paleocene—Eocene Lizard Springs Formation of Trinidad, B. W. I. — U. S. Nat. Mus. Bull., *215*, S. 61—81, Taf. 15—20. Washington.
BOLLI, H. & CITA, M. B., 1960: Upper Cretaceous and Lower Tertiary Planktonic Foraminifera from the Paderno d'Adda Section, Northern Italy. — Rep. XXI. Int. Geol. Congr., P. *V*, S. 150—161. Kopenhagen.
BRÖNNIMANN, P., 1952: Note on Planktonic Foraminifera from Danian localities of Jütland, Denmark. — Ecl. Geol. Helv., *45*, S. 339—341. Basel 1953.
BROTZEN, F., 1936: Foraminiferen aus dem schwedischen untersten Senon von Eriksdal in Schonen. — Sver. Geol. Unders., Ser. C, Nr. 396, Årsbok *30*, S. 1—206, Taf. 1—14. Stockholm.
— 1940: Flintrännans och Trindelrännans geologi. — Sver. Geol. Unders., Ser. C, Nr. 435, Årsbok *34*, S. 1—33, 1 Taf. Stockholm 1941.
— 1942: Die Foraminiferengattung Gavelinella und die Systematik der Rotaliformes. — Sver. Geol. Unders., Ser. C, Nr. 451, Årsbok *36*, S. 1—60, 1 Taf. Stockholm 1943.
— 1948: The Swedish Paleocene and its Foraminiferal fauna. — Sver. Geol. Unders., Ser. C, Nr. 493, Årsbok *42*, S. 1—140, Taf. 1—19. Stockholm 1950.

BROTZEN, F. & POŻARYSKA, K., 1961: Foraminifères du Paléocène et de l'Éocène inférieur en Pologne septentrionale. — Remarques paléogéographiques. — Rev. de Micropaléontol., *4*, S. 155—166, Taf. 1—4. Paris.
CUSHMAN, J. A., 1909: Ammodiscoides, a new genus of arenaceous Foraminifera. — U. S. Nat. Mus. Proc., *36*, S. 423, 424, Taf. 33. Washington.
— 1926: The Foraminifera of the Velasco Shale of the Tampico Embayment. — Bull. Amer. Ass. Petrol. Geol., *10*, S. 581—612, Taf. 15—21. Tulsa.
— 1933: New American Cretaceous Foraminifera. — Contr. Cushm. Labor. Foram. Res., *9*, S. 49—69, Taf. 5—7. Sharon.
— 1937a: New Genera and Species of the Families Verneuilinidae and Valvulinidae and of the Subfamily Virgulininae. — Contr. Cushm. Labor. Foram. Res., Spec. Publ. *6*, S. 1—71, Taf. 1—8. Sharon.
— 1937b: A Few New Species of American Cretaceous Foraminifera. — Contr. Cushm. Labor. Foram. Res., *13*, S. 100—105, Taf. 15. Sharon.
— 1939: A monograph of the Foraminiferal family Nonionidae. — Geol. Surv. Prof. Pap., *191*, S. 1—100, Taf. 1—20. Washington.
— 1940: Midway Foraminifera from Alabama. — Contr. Cushm. Labor. Foram. Res., *16*, S. 51—73, Taf. 9—12. Sharon.
— 1946: Upper Cretaceous Foraminifera of the Gulf Coastal Region of the United States and adjacent areas. — Geol. Surv. Prof. Pap., *206*, S. 1—241, Taf. 1—66. Washington.
— 1947: Some New Foraminifera of the Southern United States. — Contr. Cushm. Labor. Foram. Res., *23*, S. 81—86, Taf. 18. Sharon.
— 1951: Paleocene Foraminifera of the Gulf Coastal Region of the United States and adjacent areas. — Geol. Surv. Prof. Pap., *232*, S. 1—75, Taf. 1—24. Washington.
CUSHMAN, J. A. & BERMUDEZ, P. J., 1948: Additional species of Paleocene Foraminifera of the Madruga Formation of Cuba. — Contr. Cushm. Labor. Foram. Res., *24*, S. 85—89, Taf. 13—14. Sharon.
CUSHMAN, J. A. & DUSENBURY, A. N., 1934: Eocene Foraminifera of the Poway Conglomerate of California. — Contr. Cushm. Labor. Foram. Res., *10*, S. 51—65, Taf. 7—9. Sharon.
CUSHMAN, J. A. & EDWARDS, P. G., 1937: Notes on the Early Described Eocene Species of Uvigerina and Some New Species. — Contr. Cushm. Labor. Foram. Res., *13*, S. 54—61, Taf. 8. Sharon.
CUSHMAN, J. A. & JARVIS, P. W., 1932: Upper Cretaceous Foraminifera from Trinidad. — U. S. Nat. Mus. Proc., *80*/14, S. 1—60, Taf. 1—16. Washington.
CUSHMAN, J. A. & OZAWA, Y., 1930: A monograph of the Foraminiferal family Polymorphinidae Recent and Fossil. — U. S. Nat. Mus. Proc., *77*, S. 1—185, Taf. 1—40. Washington.
CUSHMAN, J. A. & TODD, R., 1943: The genus Pullenia and its species. — Contr. Cushm. Labor. Foram. Res., *19*, S. 1—23, Taf. 1—4. Sharon.
— 1946: A Foraminiferal Fauna from the Paleocene of Arkansas. — Contr. Cushm. Labor. Foram. Res., *22*, S. 45—65, Taf. 7—11. Sharon.

EGGER, J. G., 1899: Foraminiferen und Ostrakoden aus den Kreidemergeln der oberbayerischen Alpen. — Abh. Bayer. Akad. Wiss., math.-phys. Cl., *21*, S. 1—230, Taf. 1—27. München.

FRANKE, A., 1927: Die Foraminiferen und Ostrakoden des Paleozäns von Rugaard in Jütland und Sundkrogen bei Kopenhagen. Danm. Geol. Unders., *46*, S. 1—49, Taf. 1—4. Kopenhagen.

— 1928: Die Foraminiferen der oberen Kreide Nord- und Mitteldeutschlands. — Abh. Preuß. Geol. Landesanst., N. F., *111*, S. 1—207, Taf. 1—18. Berlin.

GALLITELLI, E. MONTANARO, 1957: A revision of the Foraminiferal family Heterohelicidae. — U. S. Nat. Mus. Bull., *215*, S. 133—154, Taf. 31—34. Washington.

GLAESSNER, M. F., 1931: Geologische Studien in der äußeren Klippenzone. — Jb. Geol. B. A., *81*, S. 1—23. Wien.

— 1937a: Die Foraminiferen der älteren Tertiärschichten des Nordwestkaukasus (Studien über Foraminiferen aus der Kreide und dem Tertiär des Kaukasus, I. Teil). — Probl. Paleontol., *2—3*, S. 349—408, Taf. 1—5. Moskau.

— 1937b: Planktonforaminiferen aus der Kreide und dem Eozän und ihre stratigraphische Bedeutung. — Stud. in Micropaleontol., *1*, S. 27—46, Taf. 1—2. Moskau.

GRILL, R., 1953: Der Flysch, die Waschbergzone und das Jungtertiär um Ernstbrunn (Niederösterreich). — Jb. Geol. B. A., *96*, S. 65—116, Taf. 3, 4. Wien.

— 1958: Waschbergzone. — Exkursionsführer, Tg. Geol. Ges. Wien. 8 S., 1 Taf. Wien.

GRIMSDALE, T. F. & MORKHOVEN, F. B. C. M. VAN, 1955: The ratio between pelagic and benthonic Foraminifera as a means of estimating depth of deposition of sedimentary rocks. — Proc. 4. Wld. Petrol. Congr., *1*, S. 473—491. Rom.

HAGN, H., 1953: Die Foraminiferen der Pinswanger Schichten (Unteres Obercampan). — Palaeontographica, *104*, Abt. A, S. 1—119, Taf. 1—8. Stuttgart.

HAY, W. W., 1960: The Cretaceous—Tertiary Boundary in the Tampico Embayment, Mexico. — Rep. XXI. Int. Geol. Congr., P. *V*, S. 70—77. Kopenhagen.

HILLEBRANDT, A. v., 1960: Das Paleozän und tiefere Untereozän im Becken von Reichenhall und Salzburg. — Diss. Ludwig-Maximilian-Universität. München.

HILTERMANN, H., 1949: Klassifikation der natürlichen Brackwässer. — Erdöl und Kohle, *2*, S. 4—8. Hamburg.

HILTERMANN, H. & KOCH, W., 1960: Oberkreide-Biostratigraphie mittels Foraminiferen. — Rep. XXI. Int. Geol. Congr., P. *VI*, S. 69—76. Kopenhagen.

HOFKER, J., 1932: Die Nodosarien der Maastrichter Kreide. — Nat. Maandbl., *21*, S. 141—148. Maastricht.

HOFKER, J., 1955a: The Foraminifera of the Vincentown Formation. — Rep. McLean Foram. Lab., Nr. 2, S. 1—21. Alexandria, Virg.
— 1955b: Gavelinella danica (Brotzen). — Nat. Maandbl., 44, S. 49—53. Maastricht.
— 1956a: Die Pseudotextularia-Zone der Bohrung Maasbüll und ihre Foraminiferenfauna. — Palaeont. Z., 30, Sonderh., S. 59—79, Taf. 5'—10'. Stuttgart.
— 1956b: The structure of Globorotalia. — Micropaleontol., 2, S. 371—373. New York.
— 1956c: The development of Coleites reticulosus Plummer. — Nat. Maandbl., 45, S. 75—78. Maastricht.
— 1957a: Foraminiferen der Oberkreide von NW-Deutschland und Holland. — Beih. Geol. Jb., 27, S. 1—464, Fig. 1—495. Hannover.
— 1957b: On Karreria fallax Rzehak. — Nat. Maandbl., 46, S. 98—100. Maastricht.
— 1958: On some other Foraminifera ... Nat. Maandbl., 47, S. 42—44. Maastricht.
— 1959: On the development stage of Globigerina pseudobulloides Plummer ... Nat. Maandbl., 48, S. 80—83. Maastricht.
— 1960a: Globigerina daubjergensis Brönnimann ... Nat. Maandbl., 49, S. 34—41. Maastricht.
— 1960b: The Foraminifera of the lower Boundary of the Danish Danian. — Medd. Dansk. Geol. For., 14, S. 212—242. Kopenhagen.
— 1960c: Le problème du Dano-Paléocène et le passage Crétacé-Tertiaire. — Rev. Micropaléontol., 3, S. 119—130, Taf. 1—3. Paris.
JENNINGS, H. P., 1936: A microfauna from the Monmouth and basal Rancocas groups of New Yersey. — Bull. Amer. Paleontol., 23, Nr. 78, S. 3—76, Taf. 1—7. Ithaca, New York.
KLINE, V. H., 1943: Clay County Fossils; Midway Foraminifera and Ostracoda. — Mississippi State Geol. Surv. Bull., 53, S. 1—98, Taf. 1—8.
KÜHN, O., 1926: Ein Danienvorkommen in Niederösterreich. — Mitt. Geol. Ges. Wien, 19, S. 37—40. Wien.
— 1930a: Das Danien der äußeren Klippenzone bei Wien. — Geol. Palaeontol. Abh., N. F., 17, S. 495—576, Taf. 26, 27. Jena.
— 1930b: Die Dänische Stufe in den Alpen und Karpathen. — Anz. Österr. Akad. Wiss., math.-naturw. Kl., 67, S. 34—37. Wien.
— 1960a: Die Bruderndorfer Schichten nördlich Wien. — Anz. Österr. Akad. Wiss., math.-naturw. Kl., 97, S. 49—52. Wien.
— 1960b: Neue Untersuchungen über die Dänische Stufe in Österreich. — Rep. XXI. Int. Geol. Congr., P V, S. 162—169. Kopenhagen.
LOEBLICH, A. R., JR. & TAPPAN, H., 1957a: Correlation of the Gulf and Atlantic Coastal Plain Paleocene and Lower Eocene Formations by means of Planktonic Foraminifera. — J. Paleontol., 31, S. 1109—1137. Tulsa.
— 1957b: Planktonic Foraminifera of Paleocene and Early Eocene Age from the Gulf and Atlantic Coastal Plains. — U.S. Nat. Mus. Bull., 215, S. 173—198, Taf. 40—64. Washington.

MARIE, P., 1941: Les Foraminifères de la Craie à Belemnitella mucronata du Bassin de Paris. — Mém. Mus. Nat. Hist. Nat., Nouv. Sér., *12*, Fasc. 1, S. 1–296, Taf. 1–37. Paris.

MARSSON, T., 1878: Die Foraminiferen der weißen Schreibkreide der Insel Rügen. — Mitt. Naturw. Ver. Neu-Vorpommern und Rügen, *10*, S. 115–196, Taf. 1–5. Berlin.

NILSSON, S., 1826: Om de mangrummiga snaeckor som forekomma i kritformationen i Sverige. — Kongl. Vetensk. Akad. Handl., *46* (fide ELLIS & MESSINA). Stockholm.

NOTH, R., 1951: Foraminiferen aus Unter- und Oberkreide des österreichischen Anteils an Flysch, Helvetikum und Vorlandvorkommen. — Jb. Geol. B. A., Sonderb. *3*, S. 1–91, Taf. 1–9, 2 Tab. Wien.

NUTTAL, W. L. F., 1930: Eocene Foraminifera from Mexico. — J. Paleontol., *4*, S. 271–293, Taf. 23–25. Tulsa.

ORBIGNY, A. D', 1840: Mémoires sur les Foraminifères de la Craie blanche du Bassin de Paris. — Soc. Géol. France, *4*, S. 1–51, Taf. 1–4. Paris.

— 1846: Foraminifères fossiles du Bassin tertiaire de Vienne. — S. III–XXVII + 6–312, Taf. 1–21. Paris.

PAPP, A., 1960: Die Fauna der Michelstettener Schichten in der Waschbergzone (Niederösterreich). — Mitt. Geol. Ges., *53*, S. 209–248, 2 Taf. Wien.

PLUMMER, H. J., 1926: Foraminifera of the Midway Formation in Texas. — Univ. Texas. Bull., Nr. *2644*, S. 1–206, Taf. 1–15. Austin.

— 1931: Some Cretaceous Foraminifera in Texas. — Univ. Texas Bull., Nr. *3101*, S. 109–203, Taf. 8–15. Austin.

— 1934: Epistominoides and Coleites, new genera of Foraminifera. — Amer. Midl. Nat., *15*, S. 601–607, Taf. 24. Notre Dame, Ind.

POŽARYSKA, K., 1957: Lagenidae du Crétacé supérieur de Pologne. — Palaeontol. Polon., *8*, S. 1–190, Taf. 1–27. Warschau.

REUSS, A. E., 1845: Die Versteinerungen der böhmischen Kreideformation. — 1. Abth., S. 1–58, Taf. 1–13. Stuttgart.

— 1851: Die Foraminiferen und Entomostraceen des Kreidemergels von Lemberg. — HAIDINGER's naturw. Abh., *4*, S. 17–52, Taf. 2–6. Wien.

— 1860: Die Foraminiferen der westphälischen Kreideformation. — Sber. k. Akad. Wiss. Wien, math.-naturw. Cl., *40*, S. 147–238, Taf. 1–13. Wien.

— 1862b: Die Foraminiferenfamilie der Lagenideen. — Sber. k. Akad. Wiss. Wien, math.-naturw. Cl., Abt. 1, *46*, S. 308–342, Taf. 1–7. Wien 1863.

RZEHAK, A., 1895: Über einige merkwürdige Foraminiferen aus dem österreichischen Tertiär. — Ann. k. k. Nat. Hofmus., *10*, S. 213–230, Taf. 6, 7. Wien.

SAID, R. & KENAWY, A., 1956: Upper Cretaceous and Lower Tertiary Foraminifera from northern Sinai, Egypt. — Micropaleontol., *2*, S. 105–173, Taf. 1–7. New York.

SANDIDGE, I. R., 1932: Additional Foraminifera from the Ripley Formation in Alabama. — Amer. Midl. Nat., *13*, S. 333–377, Taf. 31–33. Notre Dame, Ind.

SCHIJFSMA, E., 1946: The Foraminifera from the Hervian (Campanian) of Southern Limburg. — Meded. Geol. Sticht., Ser. C—V, 7, S. 5—174, Taf. 1—10. Maastricht.

STRADNER, H., 1961: Vorkommen von Nannofossilien im Mesozoikum und Alttertiär. — Erdöl-Z., 1961, S. 77—88, Fig. 1—99. Wien.

SUBBOTINA, N. N., 1953: Fossile Foraminiferen der U. S. S. R., Globigerinidae, Hantkeninidae und Globorotaliidae (russ.). — Vses Neft. Naukno-Issledov. Geol.-Razved. Inst. Trudy, 76, S. 3—296, Taf. 1—15; 1; 1—25; 3 Tab. Leningrad/Moskau.

TEN DAM, A., 1944: Die stratigraphische Gliederung des niederländischen Paleozäns und Eozäns nach Foraminiferen (mit Ausnahme von Süd-Limburg). — Meded. Geol. Sticht., Ser. C—V, 3, S. 4—142, Taf. 1—6, 1 Tab. Maastricht.

THALMANN, H. E., 1937: Mitteilungen über Foraminiferen III. — Ecl. Geol. Helv., 30, S. 346—352, Taf. 21—23. Basel 1938.

TOLLMANN, A., 1960: Die Foraminiferenfauna des Oberconiac aus der Gosau des Ausseer Weißenbachtales in Steiermark. — Jb. Geol. B. A., 103, S. 133—203, Taf. 6—21. Wien.

TOULMIN, L. D., 1941: Eocene smaller Foraminifera from the Salt Mountain limestone of Alabama. — J. Paleontol., 15, S. 567—611, Taf. 78—82. Tulsa.

TROELSEN, J. C., 1957: Some Planktonic Foraminifera of the type Danian and their stratigraphic importance. — U. S. Nat. Mus. Bull., 215, S. 125—131, Taf. 30. Washington.

VISSER, A. M., 1951: Monograph on the Foraminifera of the typelocality of the Maestrichtian (South-Limburg, Netherlands). — Leidse Geol. Meded., 16, S. 197—359, Taf. 1—16. Leiden.

WHITE, P. M., 1928: Some index Foraminifera of the Tampico Embayment area of Mexico. Part I. — J. Paleontol., 2, S. 177—215, 1 Tab., Taf. 27—29. Bridgewater, Mass.

WICHER, C. A. & BETTENSTAEDT, F., 1956: Die Gosau-Schichten im Becken von Gams (Österreich) und die Foraminiferengliederung der höheren Oberkreide in der Tethys. — Palaeont. Z., 30, Sonderh., S. 87—136, Taf. 12', 13'. Stuttgart.

1956 (S I Bd. 165):
Bernhauser A.: Kann intravitaler Befall durch Bohrorganismen an fossilen Fischzähnen nachgewiesen werden? (mit 10 Textabbildungen). S 7.60
Thenius E.: Zur Kenntnis der fossilen Braunbären (Ursidae, Mammal.) (mit 5 Textabbildungen und 1 Tafel). S 17.20
Thenius E.: Die Suiden und Thayassuiden des steirischen Tertiärs. Beiträge zur Kenntnis der Säugetierreste des steirischen Tertiärs. VIII. (mit 31 Textabbildungen). S 25.—

1957 (S I Bd. 166):
Ehrenberg K.: Berichte über Ausgrabungen in der Salzofenhöhle im Toten Gebirge. VIII. Bemerkungen zu den Ergebnissen der Sedimentuntersuchungen von Elisabeth Schmid. S 5.80
Schmid Elisabeth: Von den Sedimenten der Salzofenhöhle (mit 1 Textabbildung und 1 Beilage). S 14.—
Zapfe H. und Hürzeler J.: Die Fauna der miozänen Spaltenfüllung von Neudorf a. d. M. (ČSR). Primates (mit 1 Tafel). S 10.20

1958 (S I Bd. 167):
Bakalow P., Kühn N. und Sachariewa K.: Die Trias von Kotel (Ost-Balkan). I. Die unterkarnische Ammonitenfauna von Kotel (mit 4 Textabbildungen und 2 Tafeln). S 20.80
Bobies A. Carl: Bryozoenstudien III/2. Die Horneridae (Bryozoa) des Tortons im Wiener und Eisenstädter Becken (mit 3 Tafeln). S 20.70
Tiedt Liselotte: Die Nerineen der österreichischen Gosauschichten (mit 13 Textabbildungen und 3 Tafeln). S 29.60

1959 (S I Bd. 168):
Bachmayer F.: Neue Crustaceen aus dem Jura von Stremberg (ČSR) (mit 2 Tafeln). S 13.50
Kühn O. und Pejović D.: Zwei neue Rudisten aus Westserbien (mit 4 Textabbildungen und 4 Tafeln). S 17.80
Pokorny Gerhard: Die Actaeonellen der Gosauformation (mit 1 Textabbildung und 2 Tafeln). S 31.20

1960 (S I Bd. 169):
Bachmayer F.: Insektenreste aus den Congerienschichten (Pannon) von Brunn-Vösendorf (südl. von Wien) Niederösterreich (mit 2 Tafeln und 8 Abbildungen). S 8.30
Schaffer H.: Interessante obereozäne Echinidenarten, aus Bruderndorf (Niederösterreich) und Oberitalien (mit 7 Textabbildungen). S 11.—

1961 (S I Bd. 170):
Bachmayer F.: Neue Insektenfunde aus dem österreichischen Tertiär (Brunn-Vösendorf bei Wien und Weingraben im Burgenland) (mit 2 Textabbildungen und 4 Tafeln). S 170—9, S 13.60
Bernhauser A.: Zur Knochen- und Zahnhistologie von Latimeria chalumnae Smith und einiger Fossilformen (mit 17 Textabbildungen). S 170—6, S 19.40
Ehrenberg K. und Ruckensteiner E.: Bericht über Ausgrabungen in der Salzofenhöhle im Toten Gebirge XIII. Paläopathologische Funde und ihre Deutung auf Grund von Röntgenuntersuchungen (mit 10 Tafeln). S 170—23, S 39.—
Flügel E.: Bryozoen aus den Zlambach-Schichten (Rhät.) des Salzkammergutes, Österreich (mit 3 Textabbildungen und 3 Tafeln). S 170—25, S 20.—
Rutsch R. F. und Steininger F.: Eine neue Pecten-Art aus dem Typus-Profil des Helvétien südlich von Bern (Schweiz) (mit 4 Textabbildungen und 1 Tafel). 170—10, S 18.—
Schaffer H.: Brissus (Allobrissus) miocaenicus, eine neue Echinidenart aus dem Torton Mühlendorf (Burgenland) (mit 1 Textabbildung und zwei Tafeln). S 170—8, S 13.20
Zapfe H.: Ergebnisse einer Untersuchung der Austriacopithecus-Reste aus dem Mittelmiozän von Klein-Hadersdorf, N.-Ö. und eines neuen Primatenfundes aus der Molasse von Trimmelkam, O.-Ö. S 170—7, S 9.30

MIX
Papier aus verantwortungsvollen Quellen
Paper from responsible sources
FSC® C105338

If you have any concerns about our products,
you can contact us on
ProductSafety@springernature.com

In case Publisher is established outside the EU,
the EU authorized representative is:
**Springer Nature Customer Service Center GmbH
Europaplatz 3, 69115 Heidelberg, Germany**

Printed by Libri Plureos GmbH
in Hamburg, Germany